Asien – physisch

Landhöhen und Meerestiefen
(in Meter)

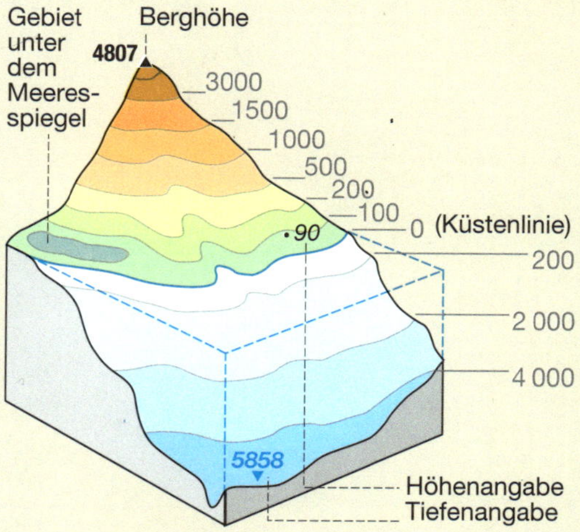

Gewässer

Flus
See
Salz
Moor, Sumpf

Verwaltung

Staatsgrenze

Ballungsräume

Einwohner

- über 10 000 000
- 5 000 000 – 10 000 000
- 1 000 000 – 5 000 000
- unter 1 000 000

0 200 400 600 800 1000 km

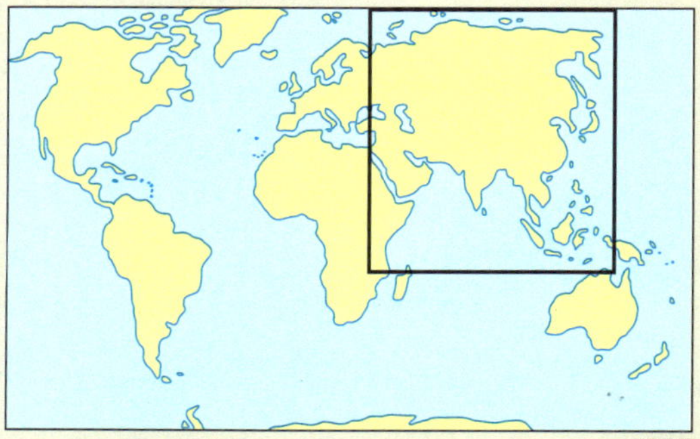

22916E

Heimat und Welt

Geographie für Sachsen
Klasse 9

Moderator

Wolfgang Gerber

Autorinnen und Autor

Steffen Hänel
Ute Liebmann
Simone Reutemann
Carola Schön
Bärbel Schönherr
unter Mitwirkung der Verlagsredaktion

westermann

Einbandfoto: Asiatische Teenager vor der Stadt Guilin, China.

westermann GRUPPE

Druck A^3 / Jahr 2017
Alle Drucke der Serie A sind inhaltlich unverändert.

Redaktion: Katrin Götz, Monique Wanner
Layout-Konzept: Thomas Schröder
Druck und Bindung: westermann druck GmbH, Braunschweig

ISBN 978-3-14-**144819**-1

Straßenszene in Hyderabad (Indien)

Inhaltsverzeichnis

HW-005
www.heimatundwelt.de

Atlaslinks – online lernen

Durch Eingabe des Web-Codes unter der Adresse www.heimatundwelt.de gelangst du auf die entsprechende Doppelseite im Heimat und Welt Weltatlas (Ausgabe Sachsen 2011). Dort erhältst du Hinweise zu ergänzenden Karten mit Informationen zur Atlaskarte sowie zusätzliche Materialien.

Alles klar?

Auf den Seiten „Alles klar?" am Ende eines Kapitels helfen dir Ampelfarben beim Bearbeiten der Übungsaufgaben. Markiere nach der Lösung jede Aufgabe in deinem Heft mit einem Punkt in der entsprechenden Farbe.

rot bedeutet: Die Aufgabe konnte ich nicht lösen. Das muss ich noch üben.
gelb bedeutet: Die Aufgabe konnte ich mit Hilfen lösen.
grün bedeutet: Die Aufgabe konnte ich ohne Hilfen lösen.

An den Farben der Aufgabenkästen auf den Seiten „Alles klar?" erkennst du, ob die Aufgaben
- Fachwissen (rot) oder
- Orientierungswissen (blau) oder
- Methodenwissen (gelb)

wiederholen.

Sternchenaufgaben *

Einige Aufgaben im Buch sind mit einem Sternchen markiert. Sie sind etwas schwieriger zu lösen.

Asien im Überblick

M1 *Großraum Tokio-Yokohama, im Hintergrund Fujisan. Der Berg gilt in Japan als heilig.*

Traditionsbewusstes und modernes Leben in Asien

Jede zweite Messe, die deutsche Veranstalter planen, wird in Asien stattfinden.
(04.11.2013)

Anlässlich der Aufnahme diplomatischer Beziehungen zwischen China und Frankreich vor 50 Jahren wurde eine Ausstellung zur Kalligraphie in Paris eröffnet.
(10.10.2013)

M1 *Zeitungsmeldungen*

Asien zwischen Moderne und Tradition

Asien ist ein Kontinent, auf dem das moderne und das traditionelle Leben sehr intensiv miteinander verknüpft sind. Dies spiegelt sich zum Beispiel in der Architektur der Städte und im Alltagsleben der Menschen wider.
Es besteht ein großer Gegensatz zwischen dem vorwiegend modernen Leben in den Städten und der eher traditionellen Lebensweise auf dem Land.
Viele Staaten Asiens besitzen weltweit wirtschaftliche Bedeutung. So sind zum Beispiel Produkte aus Japan, Südkorea, China oder Indien überall auf der Erde erhältlich.

Burj Khalifa – Dubai

Auf dem Gebiet Dubais rasteten in den 1970er-Jahren noch Nomaden, die mit ihren Herden auf der Suche nach Weideflächen und Wasser waren. An den Küsten befanden sich einfache Siedlungen, die Menschen lebten von Dattelanbau, Kamelzucht, Perlenfischerei und Fischerei. Reiche Erdöl- und Erdgasvorkommen veränderten die Wirtschaft der gesamten Region. Es wurden insbesondere der Tourismus, der Handel und die Infrastruktur ausgebaut.
Heute ist Dubai eine moderne Stadt mit beeindruckenden Bauwerken. Dazu gehören zum Beispiel das Hotel Burj Al Arab und die künstlich angelegten Palmeninseln. Seit 2010 kann eine weitere imposante Sehenswürdigkeit, das gegenwärtig höchste Gebäude der Welt, besucht werden. Der Burj Khalifa hat eine Höhe von 828 m und besitzt 189 Etagen, von denen 163 nutzbar sind. In 425 m Höhe befindet sich die zweithöchste Aussichtsplattform der Welt. Das Gebäude bildet den Mittelpunkt des neuen Stadtgebietes Downtown Dubai, in dem Hochhäuser mit Wohnungen sowie Büros, Hotels und Freizeiteinrichtungen entstehen.

M2 *Die höchsten Gebäude der Welt mit dem Fernsehturm zum Vergleich (von links nach rechts): Burj Khalifa (828 m, Vereinigte Arabische Emirate), Shanghai Tower (632 m, China), One World Trade Center (541 m, USA), Taipei 101 (508 m, Taiwan), Fernsehturm (368 m, Deutschland).*

HW-100
www.heimatundwelt.de

Jugend in Japan

Die Schule spielt im Leben japanischer Jugendlicher eine herausragende Rolle. Eine gute Bildung zu erhalten, ist für die meisten Eltern das höchste Ziel für ihre Kinder. In japanischen Schulen müssen die Jugendlichen eine Schuluniform tragen. Sie symbolisiert, dass der Einzelne nicht hervorgehoben werden soll. Traditionelle Werte wie Harmonie, Gehorsam und Unterordnung sind entscheidend im japanischen Alltag. Die Jugendlichen drücken deshalb ihre Individualität, mittels verschiedener Trends, in ihrer Freizeit aus. Es entwickelten sich schrille und bunte Jugendtrends, wie beispielsweise Cosplay und Visual Kei. Cosplay bezeichnet die Nachahmung von Anime-, Computerspiel- oder Mangacharakteren durch Kostüme und Verhalten. Visual Kei sind auffällig gestylte Musiker und ihre Fans, die diese nachahmen.

Cosplay

M3 *Jugendkultur*

Das Drachenhaus

In diesem Apartmenthaus in Hongkong baute der Architekt ein Loch über mehrere Etagen ein. Durch diese Maßnahme fehlen Wohnungen über sieben Etagen. Warum gibt es dieses Loch?
Nach einer Sage soll in dem Berg hinter dem Apartmenthaus ein Drache leben. Früher genoss er abends den Blick auf das Meer, um die Schiffe und die Menschen zu beobachten. So lebte er friedlich in seiner Höhle. Die Menschen in Hongkong jedoch bauten ihre Häuser immer höher, da sie sonst keinen Platz mehr zum Leben hatten. Eines stand so ungünstig, dass es dem Drachen den Blick zum Meer versperrte und das machte ihn wütend. Er tyrannisierte die Bewohner Hongkongs mit seinem feuerspeienden Atem. So kam man auf die Idee, ein Loch in das Wohnhaus einzubauen. Der Drache konnte so sein geliebtes Meer wieder sehen und lebte versöhnt in seiner Höhle.

M4 *Besondere Architektur*

Aufgaben

1 Finde weitere Pressemitteilungen, die die Verbindung zwischen Asien und Europa widerspiegeln (M1).

2 Wähle ein weiteres hohes Gebäude in Asien aus und stelle es deinen Mitschülern vor (M2, Internet).

3 Die Jugend Japans steht zwischen Tradition und Moderne.
a) Informiere dich über Jugendtrends in Japan (Internet).
b) Positioniere dich zu den Aussagen im Text (M3).

4 Finde weitere Beispiele für die besondere Architektur Asiens (M4, Internet, Lexikon).

Merke
In Asien sind traditionelle und moderne Lebensweisen eng miteinander verknüpft. Es gibt viele Besonderheiten in der Architektur und dem Lebensstil der Menschen.

Aufgaben

1 Bestimme die Lage Asiens im Gradnetz der Erde (M2, Atlas).

2 a) Beschreibe die Gliederung Asiens in Großregionen (M2).
b) Ordne jeder Region, wenn möglich, drei Länder mit ihren Hauptstädten zu (M2).

3 a) Berechne die N-S-und miss die O-W-Ausdehnung Asiens (M2, Info-Box, Atlas).
b) Vergleiche mit Europa (Atlas).

4 a) Löse die Karte M3.
b) Lokalisiere Rekorde der Erde: größtes Flussdelta, größte Halbinsel, größter Ozean, höchster Berg, höchstes Gebirge, größter See, größtes Hochland.

5 Vergleiche Fläche und Bevölkerung Asiens mit denen anderer Kontinente (M1).

Asien – Kontinent der Rekorde

Asien ist mit 44 Mio. km² der größte Kontinent der Erde und nimmt damit ein Drittel der Festlandsfläche unseres Planeten ein. Der Kontinent befindet sich überwiegend auf der Nordhalbkugel der Erde, nur Teile der Sundainseln liegen auf der Südhalbkugel. Asien hat Anteil an allen Klima- und Vegetationszonen und bildet zusammen mit Europa die größte zusammenhängende Landmasse unseres Planeten.
Die Grenze zwischen Europa und Asien verläuft von Nord nach Süd entlang des Uralgebirges und des Unterlaufs des Uralflusses bis zum Kaspischen Meer, durch die Manytschniederung bis zum Asowschen Meer, dann weiter durch das Schwarze Meer und den Bosporus bis zum Mittelmeer. Die Grenze zu Afrika bildet der Suezkanal.
Weltweite Rekorde Asiens sind zum Beispiel:

- Der tiefste und älteste See der Erde, der Baikalsee, ist ca. 1637 m tief und mehr als 25 Mio. Jahre alt. Mit rund 24 000 km³ ist sein Wasservolumen größer als das der Ostsee, ca. 22 000 km³.
- Der kälteste bewohnte Ort der Erde ist mit -67,8 °C der Ort Oimjakon, was in der Sprache der Jakuten „heiße Quelle“ bedeutet.
- Der mit -418 m tiefste Festlandspunkt der Erde liegt am Toten Meer.
- Die Witjastiefe gilt als die tiefste Stelle des Marianengrabens und des Weltmeeres. Sie befindet sich östlich der Philippinen und erreicht eine Tiefe von 11 034 m unter dem Meeresspiegel.

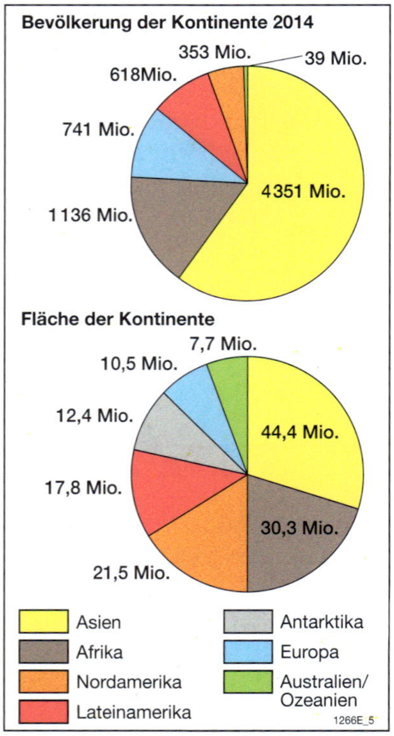

M1 *Kontinente im Vergleich*

M2 *Großregionen Asiens*

HW-100
www.heimatundwelt.de

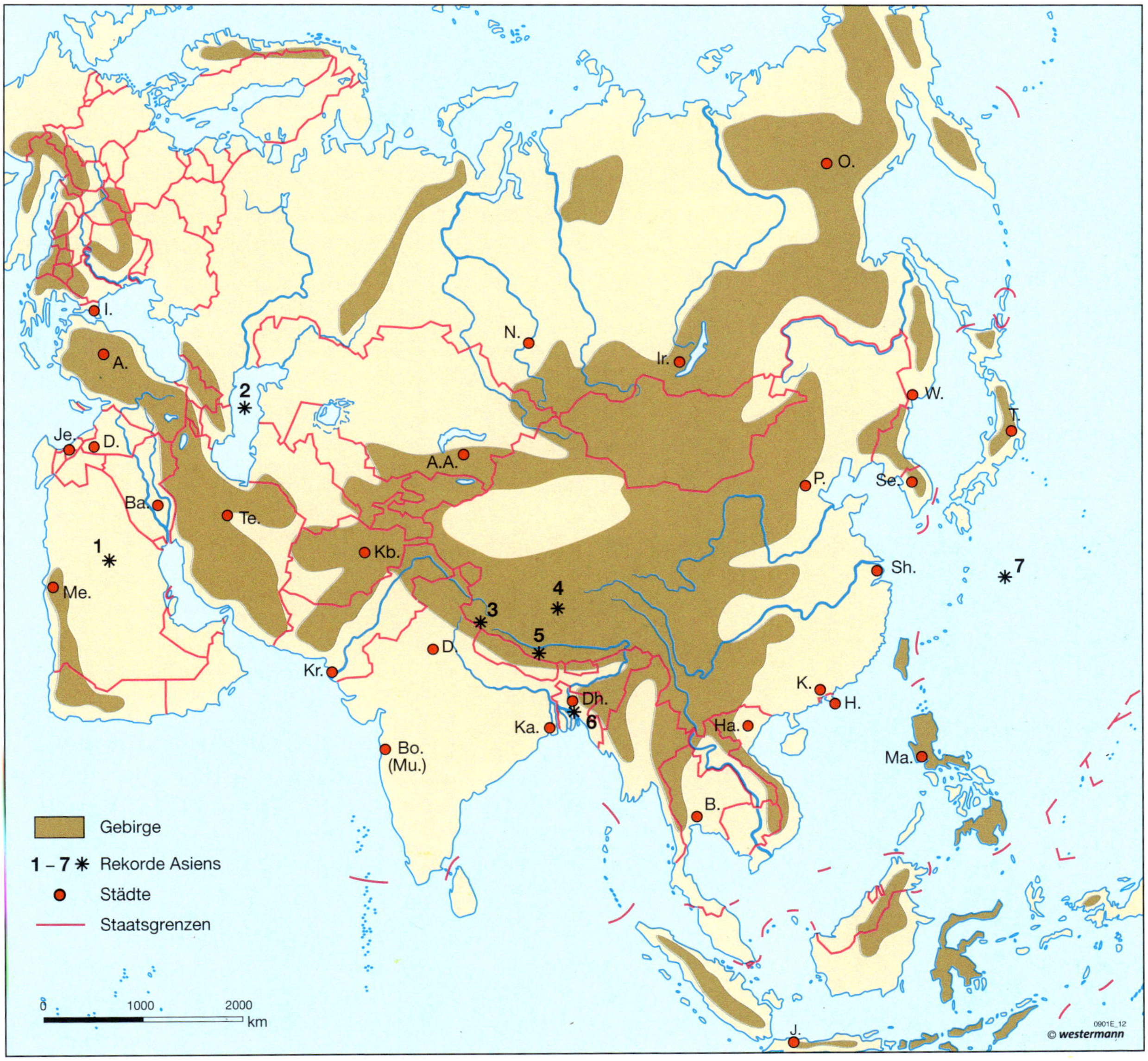

M3 *Rekorde Asiens*

Info

Entfernungsbestimmung

Entfernungen können mittels Maßstabsleiste, Maßstab und Gradnetz ermittelt werden. Beispiel: Bestimmung der Entfernung zwischen Kap Tscheljuskin und Kap Buru (M2) mithilfe

- der Maßstabsleiste

Karte		*Wirklichkeit*
0,8 cm	≙	1 000 km
7 cm	≙	8 750 km

- des Maßstabs
  1 : 125 000 000
  1 cm auf der Karte entspricht 125 000 000 cm in der Natur

Karte		*Wirklichkeit*
1 cm	≙	1 250 km
7 cm	≙	8 750 km

- des Gradnetzes
  Kap Tscheljuskin: 78° n. B.
  Kap Buru: 1° n. B.
  Abstand: 77 Breitenkreise
  77 x 111 km = 8 547 km

Merke
Asien ist der größte Kontinent der Erde. Mit Europa bildet er die größte zusammenhängende Landmasse der Erde, Eurasien.
Der Kontinent weist viele Rekorde der Erde auf.

Kulturräume Asiens

Aufgaben

1 Beschreibe die kulturelle Vielfalt Asiens (M1–M3).

2 a) Informiere dich über die Religionen Asiens (M1, Internet).
b) Nenne Staaten, in denen die drei Schriften auftreten (M2, Atlas).

3 a) Beschreibe das Leben der Jugendlichen (M3). Vergleiche es mit deinem Leben.
b) Berichte in einem Blog über dein Leben (M3).

Kulturelle Vielfalt

Asien ist nicht nur der größte Kontinent der Erde, hier wohnen auch mehr als 4,3 Mrd. Menschen (Stand: 2014). In den verschiedenen Regionen haben die Menschen unterschiedliche Sitten und Bräuche entwickelt, die sich im Alltag und in anderen Bereichen, wie zum Beispiel in der Kunst, widerspiegeln. Die asiatische Küche ist äußerst vielseitig und abwechslungsreich, sie zeichnet sich unter anderem durch eine große Vielfalt an Kräutern und Gewürzen aus.
Große Unterschiede bestehen auch bei der Sprache und der Schrift. Auf dem Kontinent werden viele hundert verschiedene Sprachen gesprochen. Sie können auch innerhalb eines Landes sehr unterschiedlich sein. So gibt es zum Beispiel in Indonesien über 700 Sprachen, in Indien sind es 400.
Die Menschen in Asien gehören vielen verschiedenen Religionen an.

Religionen Asiens

Die fünf Weltreligionen Buddhismus, Christentum, Hinduismus, Islam und Judentum haben ihren Ursprung auf dem asiatischen Kontinent. Auch der Konfuzianismus und der Taoismus spielen eine wichtige Rolle. Sie sind in China verbreitet.
Der Buddhismus entstand in Indien, weltweit gibt es ungefähr 300 Mio. Buddhisten. Die Religion ist in den Ländern Süd-, Südost- und Ostasien verbreitet. Etwa ein Viertel aller Anhänger lebt in China. Der Ursprung des Hinduismus liegt ebenfalls in Indien. Weltweit hat er über 800 Mio. Gläubige. Mehr als 80 Prozent der indischen Bevölkerung sind Hindus. Der Islam entwickelte sich auf der arabischen Halbinsel. Ihm gehören rund 1,2 Mrd. Menschen an und er ist nach dem Christentum die zweitgrößte Religionsgemeinschaft der Erde. Die Anhänger des Islam leben vor allem in Saudi-Arabien, in Nordafrika, der Türkei, in Indonesien sowie in Zentral- und Südwestasien.

M1 *Klagemauer in Jerusalem*

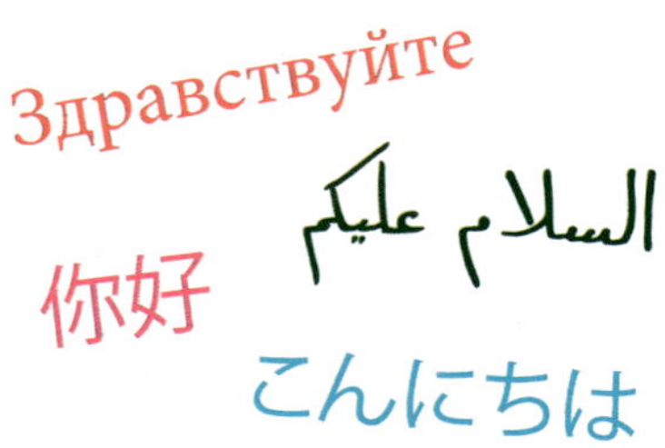

Schriften in Asien

In Asien entwickelten sich sehr unterschiedliche Schriften, wie zum Beispiel die kyrillische, die arabische und die chinesische Schrift. Die chinesische Schrift umfasst ca. 50 000 Schriftzeichen, wobei man 1 500 beherrschen sollte, um lesen und schreiben zu können. Chinesische Zeichen werden auch in Japan verwendet. Die arabische Schriftsprache besteht aus 28 Zeichen für Konsonanten und wird von rechts nach links gelesen. Die kyrillische Schrift wurde aus dem Griechischen entwickelt.

M2 *Asiens zahlreiche Schriften (von oben nach unten: Kyrillisch, Arabisch, Chinesisch, Japanisch)*

*你好 Ni hao,
mein Name ist Yang und ich lebe in Shanghai. Ich bin gerade auf dem Weg von der Schule nach Hause. Heute freue ich mich auf das Abendessen mit meinen Eltern und Großeltern. Ach ja, Hausaufgaben muss ich auch noch machen, denn meine Familie erwartet von mir sehr gute Leistungen in allen Fächern. Sie sagen, dass ich so später einen guten Beruf ergreifen kann. Dafür werde ich auch verwöhnt und Streit gibt es bei uns eigentlich nicht. Wir achten sehr darauf, eine Auseinandersetzung zu vermeiden, das Schlimmste wäre, sein Gesicht zu verlieren. Auch innerhalb meiner Familie gibt es Regeln, an die ich mich halte. So nehmen meine Großeltern immer zuerst ihr Essen. Gemeinsam gehen wir in buddhistische Tempel, um zu beten. Ich will schnell nach Hause, denn ich will noch mit meinen Freunden chatten.
Zai jian, auf Wiedersehen.*

*Здравствуйте Sdrasstwujti,
mein Name ist Tanja und ich lebe mit meiner Familie in Norilsk. Das ist übrigens die nördlichste Großstadt der Erde. Bis zum nördlichen Polarkreis sind es nur 300 km. Unser Leben wird sehr stark von Polartag und Polarnacht bestimmt. Außerdem sind die Winter sehr kalt, die Temperaturen können bis zu -30°C absinken. Wenn es der Fall ist, müssen wir nicht in die Schule. Wir haben kältefrei. Im Sommer dagegen taut der bis in die Tiefe gefrorene Boden oberflächlich auf und dadurch entstehen an vielen Stellen Sumpflandschaften. Auf diese riesigen Unterschiede müssen wir uns einstellen. Meine Eltern arbeiten in der chemischen Industrie und mein Bruder Oleg studiert in Moskau. Oje, es ist schon sehr spät, ich will noch mit Oleg chatten.
Do swidanija, auf Wiedersehen.*

*नमस्ते Namastee ,
ich bin Anchal, 14 Jahre alt und lebe in Hyderabad. Weißt du, ich bin sehr glücklich, denn ich gehe nur noch in die Schule. Meine Freundin muss auch weiterhin in die Fabrik gehen. Sie erzählte mir, dass sie dort noch nicht lange sei, denn es darf hier niemand unter 14 Jahren arbeiten. Sie erhält einen festgeschriebenen Lohn. So kann sie ihrer Familie helfen, die es mit einem Mädchen sehr schwer hat. Ihre Eltern sagen: „Ein Mädchen aufzuziehen, ist wie Nachbars Garten wässern." Sicherlich wird sie auch schnell heiraten, aber das Brautgeld muss die Familie aufbringen. Dabei hilft sie, wo sie kann. Nach der Heirat muss ein Mädchen in die Familie des Mannes ziehen. Ich muss jetzt nach Hause und meiner Mutter bei der Hausarbeit helfen.
Bai, Tschüss.*

*السلام عليكم
As-salâm Alaikum,
Friede sei mit dir. Ich bin Farid und lebe mit meiner Familie in Kuwait. Wir richten uns sehr stark nach den islamischen Traditionen. Mein Vater arbeitet in der Erdölwirtschaft, meine Mutter betreut uns Kinder zu Hause. Meiner Familie ist das Ansehen sehr wichtig. Es zeigt sich durch Gastfreundlichkeit, Großzügigkeit und Loyalität gegenüber Freunden und Fremden, beispielsweise geben wir Bedürftigen in der Moschee Almosen. Ich gehe noch zur Schule und spiele an den Nachmittagen häufig Fußball mit meinen Freunden.
Mai alslama, auf Wiedersehen.*

M3 *Jugendliche aus Asien berichten*

Merke
Asien ist ein Kontinent, der sich durch eine große kulturelle Vielfalt auszeichnet. Dies zeigt sich zum Beispiel in den verschiedenen Sitten und Bräuchen, verschiedenen Sprachen und Religionen.

Staaten, Halbinseln und Inseln

Aufgaben

1 Bestimme für die Länder in M1.
a) die Lage im Gradnetz.
b) die Großregionen Asiens (siehe S. 10, M2).
c) die Bevölkerungsdichte im Vergleich zu Deutschland (Anhang, Atlas).

2 Nenne Randmeere Asiens (Atlas).

Staaten Asiens

Zu Asien zählen 50 Staaten der Erde. Die Länder unterscheiden sich durch ihre Flächengröße stark voneinander. Neben großen Staaten, wie Russland und China, gibt es sehr kleine Länder. Dazu zählen Singapur und der Inselstaat Malediven, der nur knapp ein Drittel der Fläche Rügens umfasst.
Russland ist das flächengrößte Land der Erde und erstreckt sich über neun Zeitzonen. Der am dichtesten besiedelte Flächenstaat ist Bangladesch. Hier ist die Bevölkerungsdichte viermal so hoch wie in Deutschland. Der Staat mit der höchsten Bevölkerungsdichte ist Singapur und der mit der geringsten die Mongolei.

Akuter Platzmangel

Das Gebiet des Stadtstaates umfasst eine Hauptinsel, drei größere und 56 kleinere Inseln. In Singapur gibt es kein unbebautes Land mehr. Die Stadt kann sich nur durch Landgewinnung ins Meer ausbreiten. Obwohl viel gebaut wird, bleiben zugleich große Waldareale erhalten, um das notwendige Wasser in Reservoirs zu speichern und für eine „grüne Lunge" zu sorgen. Der zweitgrößte Hafen der Welt gilt als weltweit bedeutendster Umschlagplatz für Container. Dies liegt an der günstigen Lage am Seeweg zwischen Ostasien und Europa.

Beliebtes Fernreiseziel

Thailand ist rund anderthalbmal so groß wie Deutschland. Jeder sechste Thailänder lebt in der Hauptstadt. Jährlich zieht es rund elf Millionen Touristen in dieses Land, um das türkisfarbene Meer, die feinsandigen Strände, herrlichen Tauchgründe, aber auch um Land und Leute kennenzulernen.
Zunehmend wird Thailand auch für Senioren interessant. Aufgrund des sehr verträglichen Klimas und niedriger Lebenshaltungskosten verlegen einige Senioren Deutschlands, Österreichs und der Schweiz ihren Alterswohnsitz in das Urlaubsland in rund 10 000 km Entfernung.

100 km bis zum nächsten Nachbarn

Dieser Binnenstaat im östlichen Zentralasien ist fast fünfmal so groß wie Deutschland. Die Einwohnerzahl ist aber deutlich geringer. Knapp die Hälfte der Einwohner der Mongolei lebt in der Hauptstadt. Ein großer Teil der Mongolen lebt noch als Nomaden. Tierdung wird zum Heizen verwendet. Die Haustiere versorgen die Menschen mit Milch und Fleisch. In der endlosen Steppe der Mongolei ist aber auch die Moderne angekommen. In die Jurte haben bereits Handy, Flachbildschirm, Satellitenschüssel, Solaranlage und Motorrad Einzug gehalten.

M1 *Länder Asiens*

HW-102
www.heimatundwelt.de

M2 *Bucht der Insel Phang Nga (Thailand)*

Halbinseln und Inseln Asiens

Die Küstenlinie Asiens ist durch große Halbinseln, Inseln und Inselgruppen stark gegliedert. Sie ist fast zweimal so lang wie der Äquator. In den Randbereichen des Indischen und Pazifischen Ozeans trennen Halbinseln oder lange Inselketten einzelne Randmeere von den Freiwasserflächen der Ozeane ab. Zu diesen Randmeeren zählen zum Beispiel die Laptewsee oder der Golf von Bengalen. Die größten Inseln Asiens sind Borneo, Sumatra, Honshu und Java.

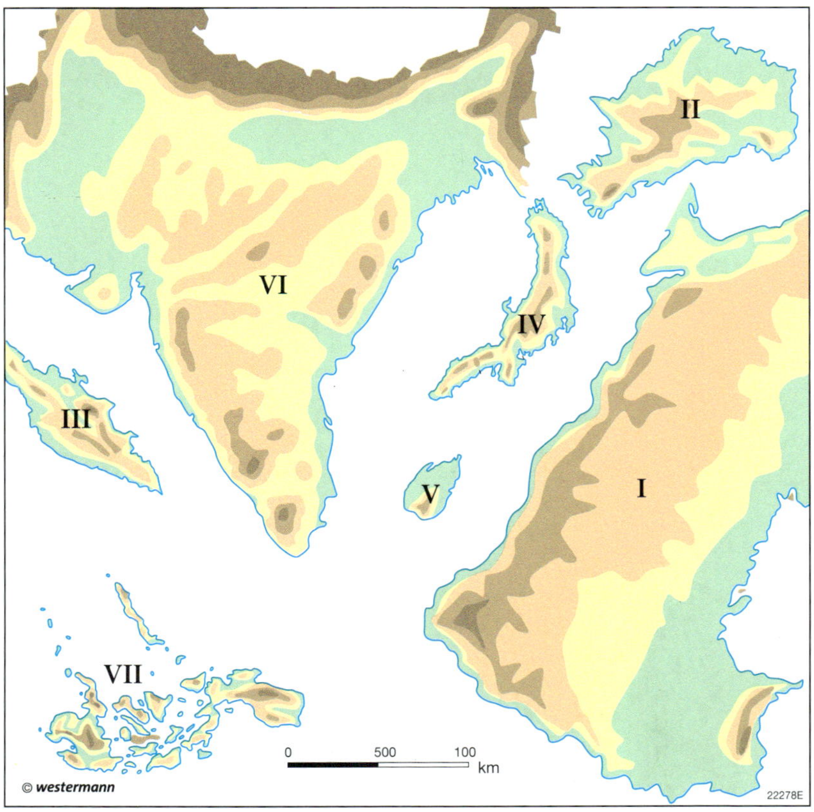

M3 *Inselpuzzle*

Aufgabe

3 a) Benenne die Inseln und Halbinseln (M3, Atlas).
b) Gestalte einen Kurzvortrag zu einer Insel oder Halbinsel: Beschreibe dabei Lage, Oberflächenformen, Klima- und Vegetationszone, Flächennutzung und Bevölkerungszahl (Internet).

Halbinseln	Fläche in Mio. km^2
Arabische Halbinsel	3,0
Anatolien	0,5
Kamtschatka	0,4
Vgl. Pyrenäenhalbinsel	0,6

M4 *Größenvergleich*

Merke
Der Kontinent Asien weist nicht nur eine Vielzahl von Staaten verschiedenster Größe, sondern auch viele Inseln, Halbinseln und Inselgruppen auf.

Aufgaben

1 Beschreibe das Landschaftsprofil Asiens (M1).

2 a) Verfolge die Flugroute (M1, Atlas).
b) Ordne den Großlandschaften Merkmale (z. B. Höhe, Vegetationszone) zu (M2 – M6).

3 Zeichne ein Profil von Mangalore nach Lhasa (Atlas). Nutze dazu die Schrittfolge im Anhang S. 121.

4 Fertige eine Wandzeitung zu einer Großlandschaft Asiens an.

Asien – ein vielfältiger Naturraum

Asien weist eine Vielzahl von verschiedenen Großlandschaften auf. So gibt es Tiefländer, Becken, Hochländer und Hochgebirge.

Die Reise über Asien
Im Folgenden führt uns ein Flug von der Taimyr-Halbinsel nach Kolkata (ehemals Kalkutta). Mithilfe des Profils und des Atlas lässt sich die Reiseroute gut verfolgen:
Wir starten in Dikson. Vor uns breitet sich ein flaches Gebiet aus, das Westsibirische Tiefland. Die Flüsse haben ein geringes Gefälle und entlang der Täler wachsen niedrige Auenwälder. Abseits der wenigen Straßen liegen ausgedehnte Sümpfe, in denen die Gefahr besteht, im Sommer leicht zu versinken. Viele Fördertürme weisen auf große Erdöl- und Erdgaslagerstätten hin.
Wir passieren den Ort Kemerowo und allmählich verändert sich das Relief. Berge, die oft von Gletschern bedeckt sind, kennzeichnen die

M1 *Landschaftsprofil durch Asien vom Nordpolarmeer zum Indischen Ozean*

M2 *Westsibirisches Tiefland*

M3 *Altai*

HW-94, 100
www.heimatundwelt.de

Landschaft des Altai. Unterhalb der Gletscher liegen Wälder, die häufig von Bergweiden unterbrochen werden. Hier lassen Hirten ihre Schafe weiden.

Nachdem wir die Gebirgszüge des Tian Shan überflogen haben, sehen wir unter uns das abflusslose Tarimbecken. Hier herrscht Wüste vor, an einzelnen Stellen hat der Wind den Sand zu mächtigen Dünen angehäuft.

Wir fliegen weiter in Richtung Süden, passieren die Höhen des Kunlun Shan und erblicken das von Gebirgsketten durchzogene, teils schneebedeckte Hochland von Tibet. Es ist sechsmal so groß wie Deutschland und sehr dünn besiedelt.

Nachdem wir das höchste Gebirge der Erde, den Himalaya, mit seinen mehr als 30 Gipfeln über 7600 m überflogen haben, sehen wir eine große Ebene. Wir befinden uns über der Gangesebene. Sie ist eine der fruchtbarsten und am dichtesten besiedelten Regionen der Erde und wird ackerbaulich intensiv genutzt. Unser Flug endet nach rund 6000 km in der indischen Stadt Kolkata.

M6 *Gangesebene*

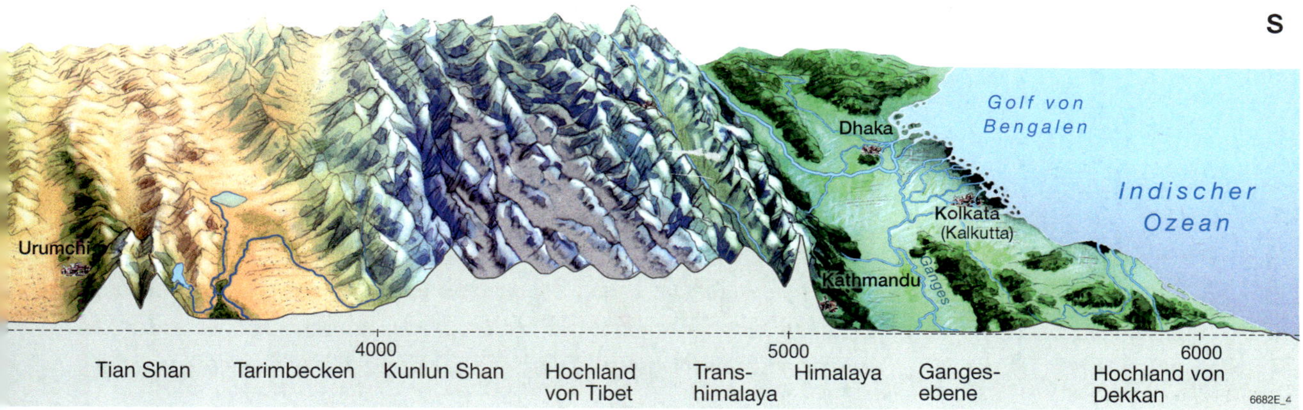

M4 *Tarimbecken*

M5 *Hochland von Tibet (Hintergrund Himalaya)*

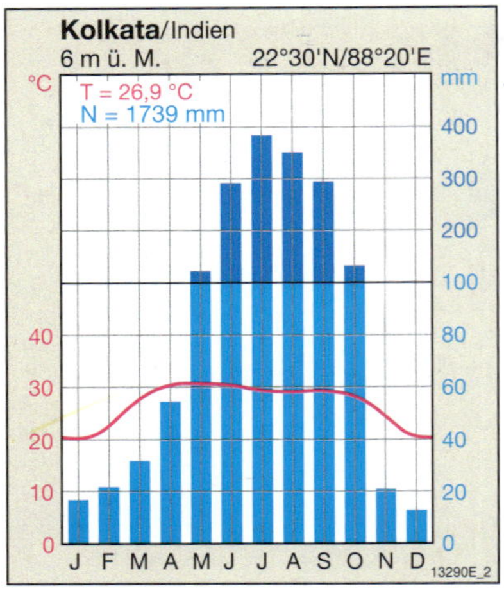

M1 *Klimadiagramm Kolkata*

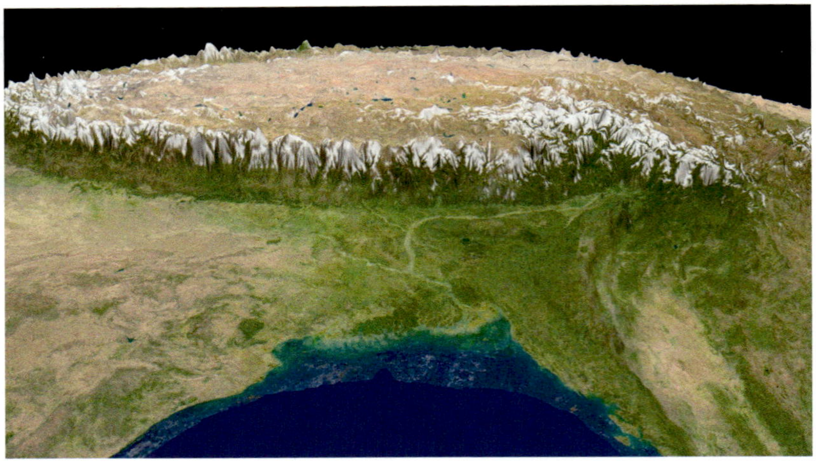

M3 *Blick vom Golf von Bengalen in Richtung Norden*

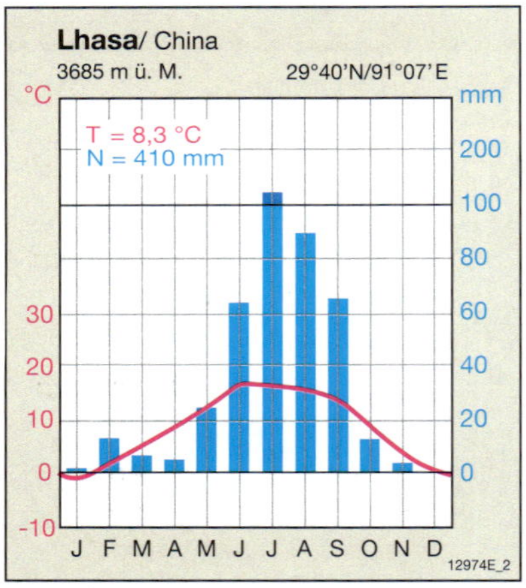

M2 *Klimadiagramm Lhasa*

Entlang des Ganges

Im Himalaya hat der Ganges seinen Ursprung zwischen schneebedeckten Gipfeln und Gletschern. Er legt einen Weg von insgesamt 2500 km zurück und mündet in den Golf von Bengalen.
Auf einer Fahrt entlang des Ganges passiert man die steil aufragenden Felsgruppen des Himalayas und durchquert tiefe Schluchten. Mit jedem Kilometer in Richtung Gangesebene lässt der Druck in den Ohren nach und die Temperaturen nehmen zu.
Die Gangesebene ist aufgrund ihres fruchtbaren Schwemmlandes ein wichtiges Ackerbaugebiet. Es werden Reis, Gerste, Hirse, Baumwolle und Zuckerrohr angebaut. Bei Bewässerung mit Flusswasser sind bis zu drei Ernten im Jahr möglich. Ein Zehntel der Weltbevölkerung lebt in der Gangesebene.

Info

Mangrovenwälder

Mangroven sind tropische Küstengehölze, die sich besonders auf Schlickböden entwickeln, bei Ebbe trockenfallen und bei Flut überschwemmt werden.
Im Delta des Ganges, in den Sundarbans, wachsen dichte Mangrovenwälder. Typisch für die Sundarbans sind die bis zu einem halben Meter über dem schlammigen Boden liegenden Wurzelansätze der Mangrovenbäume.
Große Teile der Sundarbans, entlang der Grenze zwischen Indien und Bangladesch, gehören heute zu einem Nationalpark und zählen zum UNESCO Weltnaturerbe.

M4 *Mangrovenwald*

HW-100, 106
www.heimatundwelt.de

Die Tibet-Bahn

Der erste Zug von Golmud nach Lhasa fuhr im Juli 2006. Er erreichte nach zwölf Stunden Fahrt sein Ziel. Die rund 1 142 km lange Bahnstrecke hat 675 Brücken. Unzählige Tunnel wurden gebaut. Es mussten zahlreiche Bergpässe von über 5 000 m Höhe überwunden werden. Deshalb wurde die Bahn zu einem der teuersten Großprojekte Chinas. Auf einem Großteil der Strecke fährt sie in einer Höhe von über 4 000 m und passiert dabei den höchstgelegensten Tunnel der Erde (4 905 m hoch) sowie den höchsten Pass der Erde, der mit der Eisenbahn angefahren wird (5 072 m hoch). Wegen der gesundheitlichen Belastungen in solch einer Höhe befinden sich ein Arzt und Sauerstoffgeräte an Bord des Zuges. Die Bahn ist sehr beliebt, da man zu erschwinglichen Preisen, in 48 Stunden, von Peking nach Lhasa reisen kann.

M5 *Verkehrsweg nach Tibet*

Naturräumliche Bedingungen Tibets

Das Hochland von Tibet wird auch als das Dach der Welt bezeichnet, da es durchschnittlich in einer Höhe von 4 000 bis 4 500 m liegt. Es wird von riesigen Gebirgsmassiven umschlossen. Das Hochland von Tibet ist mit einer Fläche von zwei Millionen Quadratkilometern das flächengrößte Hochland der Erde. Es bildet keine einheitliche Hochfläche, sondern wird von Bergketten unterbrochen.
Im tibetischen Hochland entspringen viele Flüsse, wie zum Beispiel Ganges und Indus im Westen, Mekong und Jangtsekiang im Zentrum und Huang He im Norden.
Für diese Region sind sehr kalte Winter und warme Sommer typisch. Im Hochland werden Schafe, Ziegen, Rinder, Kamele, Yaks und Pferde gehalten.

M6 *Im Hochland von Tibet*

Aufgaben

1 Beschreibe die klimatischen Bedingungen in den beiden Großlandschaften (M1, M2).

2 a) Lokalisiere das Hochland von Tibet (Atlas).
b) Nenne die angrenzenden Landschaften (Atlas).

3 a) Beschreibe die Strecke der Tibet-Bahn (Atlas).
b) Miss die Streckenlänge von Peking nach Lhasa mit einem Faden und berechne die Entfernung (Atlas).

Merke (S. 16–19)
Asiens Oberflächengestalt weist eine Vielfalt an Landschaften auf. Es werden die Großlandschaften Tiefland, Becken, Hochland und Hochgebirge unterschieden.

Gewässernetz Asiens

Fluss	Länge (km)
Asien	
Jangtsekiang	6380
Huang He	4845
Mekong	4500
Lena	4400
Brahmaputra	3000
Ganges	2511
Europa	
Wolga	3530
Donau	2850
Ural	2428
Rhein	1233

M1 *Flusslängen im Vergleich*

Aufgaben

1 Beschreibe den Verlauf großer Flüsse Asiens und ihr Mündungsgebiet (Atlas, M1, M3).

2 a) Begründe, warum der Baikalsee als „See der Superlative" bezeichnet wird.
b) Begründe, warum der Baikalsee geschützt werden muss (M6).

3 Erläutere die Bedeutung der Flüsse für die Bevölkerung.

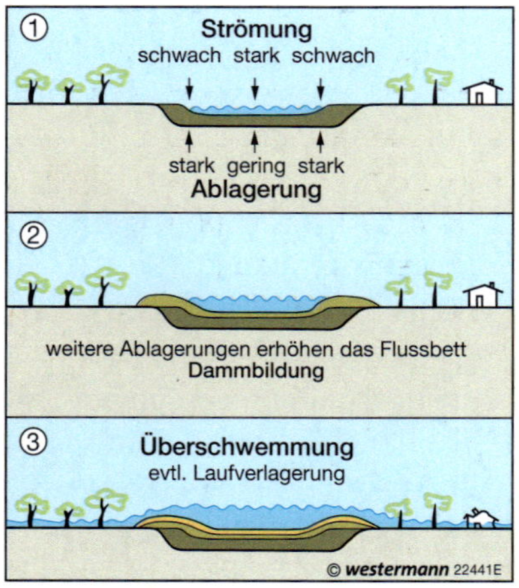

M2 *Schema Dammfluss*

Asiens große Ströme

Asien besitzt ein ausgedehntes Flussnetz mit Strömen, die zu den gewaltigsten der Erde gehören. Das Relief bedingt die Fließrichtung der Flüsse. Viele Flüsse entspringen in den Gebirgsmassiven Zentralasiens, durchströmen Berg- und Tiefländer und münden in die angrenzenden Meere. Einige dieser Flusssysteme erreichen eine Fläche von über 900 000 km², wie beispielsweise das **Einzugsgebiet** von Ganges und Brahmaputra. Im Inneren Asiens enden einige Flüsse in abflusslosen Becken der Wüstenlandschaften, wie zum Beispiel im Tarimbecken.
Alle Flüsse sind wichtige Lebensadern, da sie zur Trinkwasserversorgung für die Menschen, zur Bewässerung der Felder und als Transportweg genutzt werden. Die Flüsse bestimmen durch die jahreszeitlichen Schwankungen der Abflussmenge in vielen Regionen das Leben der Menschen. An einigen wurden Stauanlagen errichtet, um Energie zu erzeugen und den Wasserabfluss zu regulieren.

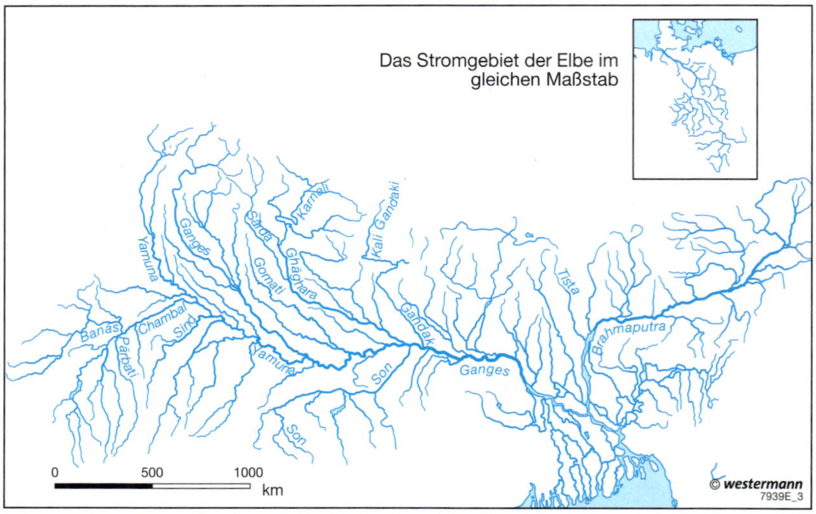

M3 *Einzugsgebiet des Ganges und Brahmaputra*

Die Lena – wichtigste Verkehrsader Ostsibiriens

Die Lena entspringt im Baikalgebirge, westlich des Baikalsees, fließt in westliche Richtung und dann nach Nordosten. Vor der Laptewsee, einem Randmeer des Nordpolarmeeres, verzweigt sie sich in rund 150 Arme. Ihr Delta umfasst ein Gebiet von der Größe Belgiens. Es ist eines der größten Flussmündungssysteme der Nordhalbkugel.
Der Mündungsbereich des Flusses ist im Frühjahr länger vereist als das Quellgebiet im Süden. Die Eisdecke und das Treibeis verhindern so den Zufluss ins Meer und führen so zu Überschwemmungen. So kann der Unterschied im Wasserstand innerhalb weniger Tage bis zu 27 m erreichen. Die Lena ist dann am Mittellauf bis 30 km breit. Jakutsk, ein Ort an der Lena, entwickelte sich in den letzten Jahrzehnten zu einer großen Stadt. Die Abwässer von Industrie und Haushalten belasten jedoch zunehmend den Fluss.

M4 *Die Lena*

HW-100 www.heimatundwelt.de

Huang He – der Gelbe Fluss

Der Huang He ist der zweitlängste Strom Chinas und der siebtlängste der Welt. Er entspringt im Kunlun Shan, nimmt auf seinem Weg **Löss** aus dem Bergland auf und lagert ihn am Unterlauf, wo die Fließgeschwindigkeit geringer ist, ab. Auf einer Strecke von rund 700 km hat sich der Fluss durch eigene Ablagerungen bis zu 21 m über das Niveau der Ebene erhöht und an den Ufern Dämme gebildet. Man bezeichnet ihn deshalb auch als **Dammfluss** (M2). Häufig gibt es Überschwemmungen und Verlagerungen seiner Mündung. Bis 1852 mündete er in das Gelbe Meer, heute 600 km nördlich in den Golf von Bo Hai. Durch Deichbauten versucht der Mensch die Gefahr der Überschwemmungen einzudämmen. Die mächtigen Ablagerungen haben im Mündungsgebiet zu einer ständigen Landerweiterung ins Meer geführt.

M5 *Der Huang He*

Der Baikalsee – die „Perle Sibiriens"

Der Baikalsee hält viele Rekorde. Mit 1 637 m ist er der tiefste Süßwassersee mit großen Süßwasserreserven. Er ist der wasserreichste See der Erde. Alle Flüsse der Welt müssten ein Jahr lang fließen, um ihn aufzufüllen. Der See ist 44-mal so groß wie der Bodensee. Er hat 333 Zuflüsse, aber nur einen Abfluss, die Angara. Die Tier- und Pflanzenwelt des Baikals ist einzigartig auf der Erde. Über 2 600 verschiedene Tierarten leben im Wasser und an den Uferzonen. Zwei Drittel davon sind nur im Baikalsee anzutreffen, wie zum Beispiel die Baikalrobbe, die einzige Süßwasserrobbe der Erde. Durch die vielen Kleinstlebewesen wird der See gereinigt. Sein Wasser hat an den meisten Stellen Trinkwasserqualität. 1996 wurde der See in die Weltnaturerbeliste der UNESCO aufgenommen. Der Baikalsee ist 636 km lang, 32 – 74 km breit und seine Uferlänge beträgt rund 2 000 km.

M6 *Der Baikalsee*

Aufgabe

4 a) Nenne Großstädte, die am Huang He liegen.
b) Erläutere, wie der Huang He seine Umgebung formt.
c) Erläutere die Entstehung des Huang He als Dammfluss (M2).
d) Erkläre, warum der Huang He China sowohl Segen als auch Kummer bringt.

Merke
Asien besitzt ein ausgedehntes Flussnetz. Die Ströme des Kontinents entspringen in den innerasiatischen Gebirgen und fließen zumeist in die Meere ab. Sie weisen zum Teil extreme Schwankungen in der Wasserführung auf.
Einige Flüsse enden im Inneren Asiens in abflusslosen Becken.

Grundbegriffe
Einzugsgebiet
Löss
Dammfluss

Klimabesonderheiten in Asien

Aufgaben

1 a) Vergleiche die Klimadaten der Klimadiagramme (M1).
b) Beschreibe Merkmale der Kontinentalität (M1).
c) Beende den Satz: Von West nach Ost nimmt in Sibirien die Kontinentalität … .

2 Begründe die besondere Bauweise von Gebäuden, Straßen und Erdölleitungen auf dem Permafrostboden (M2, M4).

Info

Merkmale der Kontinentalität

- große Temperaturdifferenzen im Tages- und Jahresverlauf
- große Anzahl an Frosttagen
- geringe Jahresniederschlagssumme
- Verschiebung des Hauptniederschlages in wärmere Monate

Extreme Naturbedingungen in Sibirien

Der nordasiatische Teil Russlands, Sibirien, reicht von der Westsibirischen Ebene bis zum Pazifischen Ozean und wird im Süden und Osten von hohen Gebirgen begrenzt.
Aufgrund der großen Entfernung zu den Ozeanen herrscht hier, im Inneren des Kontinents, Kontinentalklima. Da die ausgleichende Wirkung des Meeres fehlt, ist das Klima durch starke Temperaturschwankungen im Tages- und Jahresverlauf mit warmen Sommern und kalten bis sehr kalten Wintern gekennzeichnet. In Oimjakon, ein Ort in Sibirien, rund 3 000 km vom Nordpol entfernt, werden die tiefsten Temperaturen der bewohnten Gebiete der Erde gemessen. Umliegende Bergketten blockieren das Einströmen warmer Luftmassen, sodass an mindestens sechs Monaten im Jahr Temperaturen im zweistelligen Minusbereich herrschen.
Der Boden, ein Überbleibsel der letzten Eiszeit, ist wegen des extremen Kontinentalklimas im Winter Hunderte Meter tief gefroren. Im Sommer taut er nur an der Oberfläche bis zu zwei Meter auf und wird schlammig und morastig. Diese Art Boden bezeichnet man als **Permafrostboden** (Dauerfrostboden).
Das Territorium Russlands hat zu etwa zwei Dritteln Permafrostboden. Durch die weltweite Erwärmung verringert sich jedoch seit Jahrzehnten die Fläche des Dauerfrostbodens.

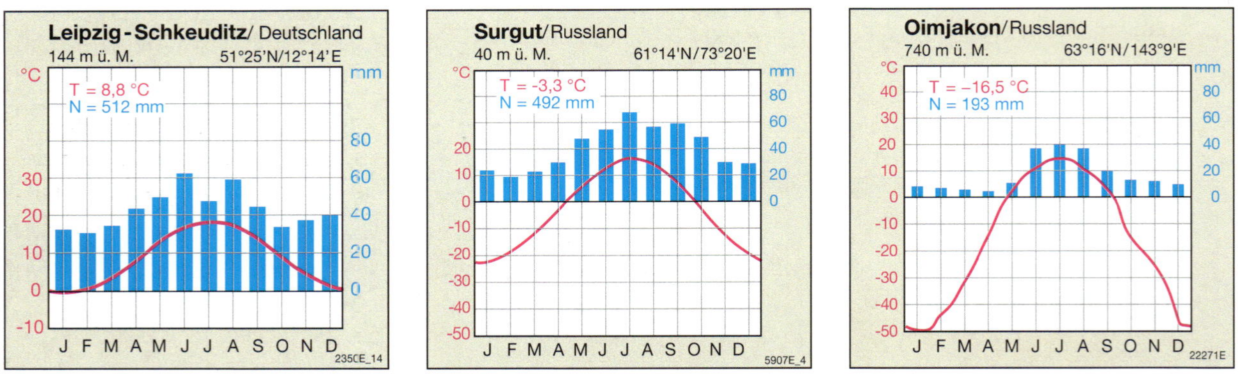

M1 *Klimadiagramme Leipzig, Surgut und Oimjakon*

M2 *Aufgeweichte Straße im Sommer*

HW-104
www.heimatundwelt.de

Auswirkungen der Naturbedingungen

Aufgrund der extremen klimatischen Bedingungen und des Permafrostbodens leben in Sibirien nur sehr wenige Menschen, die jedoch einer Vielzahl ethnischer Gruppen angehören. Die arktischen Stämme leben bis heute hauptsächlich von der Jagd, dem Fischfang und ihren Rentierherden.

Die meisten Bauwerke werden im Winter errichtet, da der Boden dann tiefgründig stabil ist. Eisenbahnlinien, Gebäude, aber auch Erdöl- und Erdgasleitungen müssen im Dauerfrostboden Sibiriens tiefer verankert werden, da im Sommer Sumpfflächen entstehen.

Gebäude werden auf Stelzen gestellt, die tief in die Schicht des Permafrostes eingelassen werden. Unter den Häusern bleibt ein Polster aus kalter Luft, das ein Auftauen des Bodens verhindert.

Ebenso werden Erdöl-, Erdgas- und Versorgungsleitungen auf Gestellen verlegt, damit sie nicht im Morast versinken. Die Rohre, die sich durch die Bewegung des Öls erwärmen, müssen gut isoliert sein, damit der Boden unter ihnen nicht auftaut.

In den letzten Jahren sind die Temperaturen in den oberen Bodenschichten um bis zu zwei Grad gestiegen und der Boden taut im Sommer immer tiefer auf. Der Bau von Straßen ist unter diesen klimatischen Bedingungen extrem schwierig und teuer. Ein Kilometer Straße kostet mehr als zehnmal so viel wie in unseren Regionen.

M4 *Rohrleitungen auf Stelzen*

M5 *Milch in Scheiben*

Oimjakon – kältester Ort der Welt

Oimjakon wird auch als „Tiefkühltruhe der Erde“ bezeichnet. Hier leben nur etwa 500 Menschen. Zu erreichen ist der Ort im Winter nur über verschneite Wege oder über zugefrorene Seen und Flüsse. An diesem Ort wurde 1933 die tiefste Temperatur (der Nordhalbkugel) gemessen: -67,8 °C.

Kleidung

- bis zu acht Kleidungsstücke übereinander
- Wäsche auf der Leine nach zehn Minuten zerreißbar wie Papier
- zentimeterdicke Raureifschicht auf Brillen

Nahrung

- Verkauf von Milch in gefrorenen Blöcken oder Stangen
- ein Mal pro Monat Wasserlieferung
- frisch gefangener Fisch gefriert sofort zu steinharten Eisblöcken

Fahrzeuge

- Motoren von Oktober bis April pausenlos in Betrieb
- Verwendung von Spezialkraftstoffen und -ölen
- Autoscheiben doppelt verglast

Sonstiges

- kältefrei ab -55 °C
- kein Trinkwasser in Leitungen
- nächstes Krankenhaus in 700 km Entfernung

M3 *Lebensbedingungen in Oimjakon im Winter*

Aufgabe

3 Erläutere, wie sich die Menschen in Oimjakon an die Naturbedingungen angepasst haben (M3–M5).

Merke

Permafrostboden ist Hunderte Meter tief gefroren und taut im Sommer nur oberflächlich auf. Die Menschen Sibiriens haben sich an diese Naturbedingungen angepasst.

Grundbegriff

Permafrostboden

Klimabesonderheiten in Asien

Aufgaben

1 Erkläre den Begriff Monsun.

2 a) Vergleiche die Niederschlagswerte von Cherrapunji und Leipzig (M1).
b) Begründe die Unterschiede.

3 a) Erläutere, warum die Inder den Sommermonsun als „Regenbringer" und den Wintermonsun als „Hungerwind" bezeichnen.
b) Der Sommermonsun wird gefürchtet und geliebt. Erkläre.

Info

Die beste Reisezeit für Südostasien

Wenn man einen Urlaub in Thailand plant, sollte man sich mit den klimatischen Bedingungen vor Ort beschäftigen.
Da Thailand unter dem Einfluss des Südwestmonsuns liegt, ist die Hauptregenzeit zwischen Mai und November. Zwischen Ende November und April wird es im Großteil des Landes trockener, da der Nordostmonsun trockene Luft aus China bringt.
Die optimale Reisezeit für Thailand ist von Dezember bis Februar. Es ist relativ trocken und nicht zu heiß, besonders im Norden des Landes. Die Monate März bis Mai können in ganz Thailand extrem heiß werden. Zusammen mit den auftretenden Niederschlägen herrscht dann eine Treibhausatmosphäre. Dies bedeutet eine starke Belastung für den Kreislauf.

Der tropische Monsun

Der tropische **Monsun** ist ein Wind, der halbjährlich die Richtung wechselt und im südlichen Asien auftritt. Im Wesentlichen wird er durch die unterschiedliche Erwärmung von Land und Meer bestimmt. Seeleute gaben diesen Winden den arabischen Namen für Jahreszeiten „Mausim".

Sommermonsun

Im Sommer steht die Sonne auf der Nordhalbkugel um den nördlichen Wendekreis im Zenit. Feuchte Luftmassen wehen von Südwesten über den Indischen Ozean in Richtung Indien. Starke Niederschläge fallen als Stauregen im Luv der Bergketten der Westküste (Westghats) und im Bereich der Gebirge im Nordosten des Landes, in der Region um Cherrapunji (Khasigebirge).

Zeit: Juni bis September
Niederschlagsmenge: hoch, starke Schauer
Temperaturen: hoch (27–30 °C)

im Volksmund: „Regenbringer"

Wintermonsun

Steht die Sonne in der Nähe des südlichen Wendekreises, weht der Wind aus entgegengesetzter, also nordöstlicher Richtung. Indien steht dann unter dem Einfluss des Nordost-Monsuns. Die Luftmassen kommen aus dem Inneren Asiens, regnen beim Überqueren der Hochgebirgsketten (z.B. Kunlun Shan, Himalaya) ab und sind für Indien dann trocken.

Zeit: Oktober bis Mai
Niederschlagsmenge: gering, Dürre
Temperaturen: gemäßigt (19–22 °C)

im Volksmund: „Hungerwind"

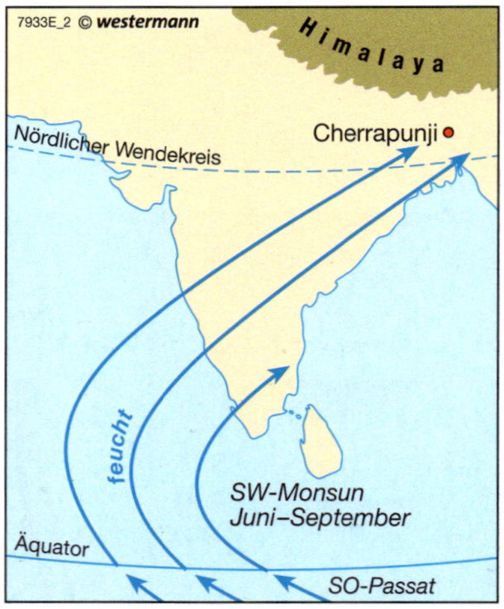

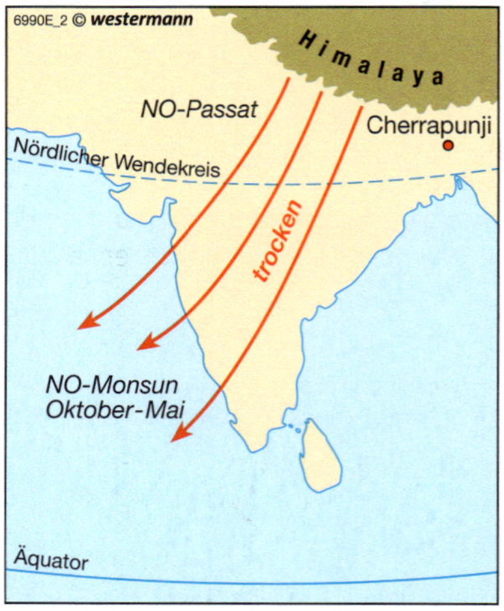

M2 *Jahreszeitlicher Wechsel*

Monate	J	F	M	A	M	J	J	A	S	O	N	D	Summe
Cherrapunji	20	41	179	605	1705	2875	2455	1827	1231	446	47	5	11439
Leipzig	32	30	34	43	49	62	47	59	44	33	37	40	512

M1 *Durchschnittliche Niederschlagsmengen in mm*

HW-105
www.heimatundwelt.de

Der Monsun prägt das Leben der Menschen

Der tropische Monsun bestimmt die Anbauzeiten in der Landwirtschaft. Große Mengen des Getreides werden während des Sommermonsuns produziert. Die Temperaturen ermöglichen den Anbau das ganze Jahr über. Fällt Regen im richtigen Zeitraum und in ausreichender Menge, dann sind drei Ernten im Jahr möglich. Die erste Ernte dient der Eigenversorgung der Bevölkerung, die zweite und dritte Ernte wird verkauft, um Düngemittel zu kaufen oder Schulden zu bezahlen, die in Missernteiahren auftreten. In der Zeit des trockenen Wintermonsuns liegen die Felder brach oder es werden anspruchslose Hülsenfrüchte wie Bohnen und Erbsen angebaut.

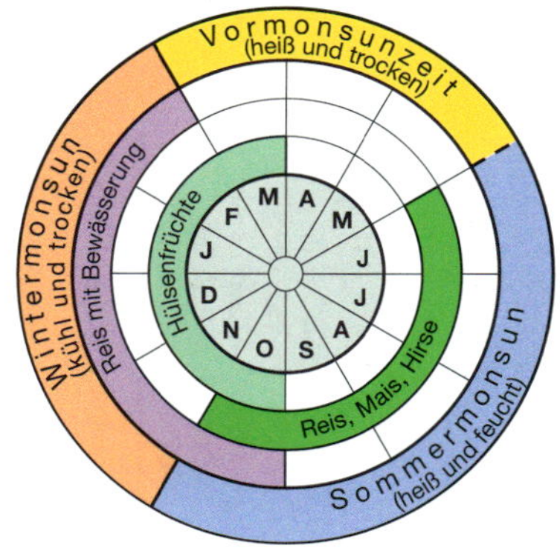

M4 *Anbaukalender*

Der Monsun – Fluch oder Segen?

Der Südwestmonsun ist nicht zuverlässig. Kommt er zu früh und zu heftig, dann führt er zu Überschwemmungen. Menschen und Tiere können ertrinken. Bei besonders hohen Niederschlagssummen steht das Wasser zu lange auf den Feldern, sodass die Saat verfault. Das Bestellen der Felder findet vor Monsuneintritt statt. Bei zu frühem Monsun sind die Felder noch nicht bestellt und nach Regenbeginn können sie nicht mehr bearbeitet werden. Kommt der Monsun zu spät und bringt wenig Niederschlag, trocknet der Boden aus und mit ihm das Saatgut. Dürre führt zu Hunger und Not in der Bevölkerung.

Der diesjährige Südwestmonsun setzte im Nordwesten Indiens wesentlich früher ein als üblich. Vom 15. zum 16. Juni verlagerte er sich ungewöhnlich rasch nach Westen, sodass bereits am 16. der gesamte Subkontinent vom Monsun betroffen war, einen Monat früher als normal. In dem am Himalaya gelegenen Bundesstaat Uttarakhand und angrenzenden Staaten führten starke Monsunniederschläge zu Überschwemmungen und Erdrutschen. Straßen und Häuser wurden unterspült und von den Wassermassen mitgerissen. Laut Medienberichten gab es Hunderte von Todesopfern.

Haeseler, S. (2013): Früh einsetzender Monsun im Nordwesten Indiens mit Überschwemmungen im Juni 2013. www.dwd.de (Stand 15.10.2014).

M3 *Artikel zu Überschwemmungen in Indien (2013)*

Aufgaben

4 a) Nenne die Monate, in denen Reis angebaut werden kann (M4).
b) Begründe die Anbauzeiten.

5* a) Fertige eine Kartenskizze von Bangladesch an und trage Überschwemmungsgebiete ein (Atlas).
b) Beschreibe, wann Bangladesch gefährdet ist.
c) Erkläre, warum diese Überschwemmungen jedes Jahr auftreten.

Merke
Der tropische Monsun ist ein halbjährlich die Richtung wechselnder Wind.
Der Sommermonsun weht aus südwestlicher Richtung und bringt Feuchtigkeit. Der Wintermonsun kommt aus Nordosten, dem Inneren Asiens, und ist trocken.

Grundbegriff
Monsun

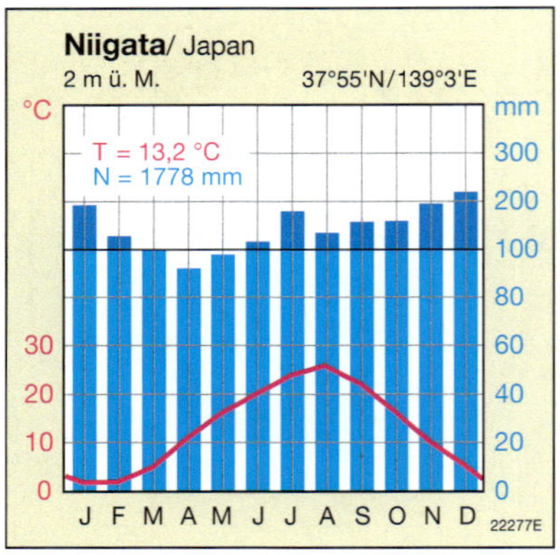

M1 *Klimadiagramm Niigata*

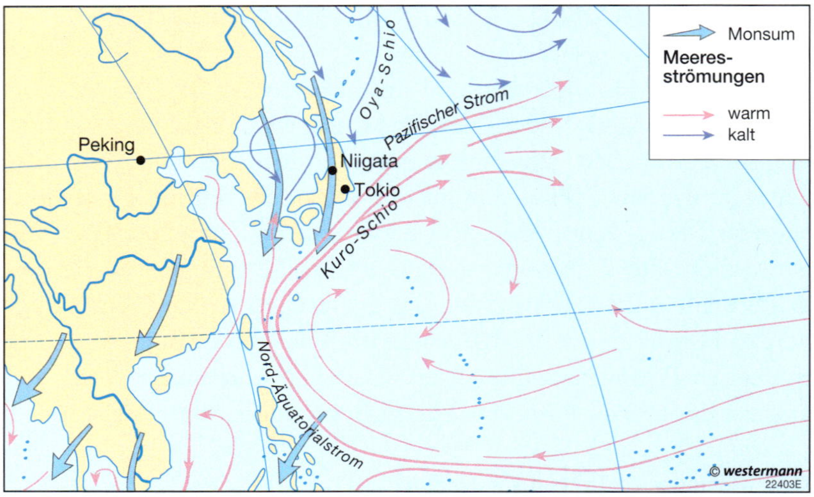

M3 *Karte Ostasiens zum Wintermonsun und Meeresströmungen*

Aufgaben

1 Werte die Klimadiagramme von Tokio und Niigata aus (M1, M2).
a) Vergleiche die Niederschlagsmengen und die Jahreszeiten der höchsten Niederschlagsmengen.
b) Erkläre, welcher Monsun für die jahreszeitlichen Niederschlagsmaxima verantwortlich ist.

2 a) Erläutere das Profilbild zum Wintermonsun (M4).
b) Zeichne ein Profil für den Sommermonsun (M4, Atlas).
c) Trage Luv- und Leegebiete ein.

3 Nenne weitere Gebiete, die vom außertropischen Monsun beeinflusst werden (Atlas).

Der außertropische Monsun in Japan

Japan hat Anteil an mehreren Klimazonen. Dabei treten große klimatische Unterschiede zwischen den kühlen bis kalt gemäßigten Regionen im Norden der Inselgruppe und den subtropischen Gebieten im Süden auf. Die Ursachen dafür sind vielfältig. Japan liegt zwischen dem Japanischen Meer und dem Pazifischen Ozean und hat eine sehr große Nord-Süd-Ausdehnung. Zudem wirken sich die kalten und warmen Meeresströmungen sowie das gebirgige Relief auf das Klima aus. Die Gebirgsketten der Hauptinsel wirken als Wetterscheide.

Auf den japanischen Inseln herrscht der außertropische Monsun. Der Wintermonsun weht während der Wintermonate von Nordwesten nach Südosten. Die Luftmassen, die Feuchtigkeit über dem Japanischen Meer aufgenommen haben, sind auf der Luvseite der Gebirge gezwungen, aufzusteigen. Dabei fällt Steigungsniederschlag. Auf der Leeseite der Gebirge kommt es zur Wolkenauflösung. Es ist relativ warm und trocken. Im Sommer weht der Südostmonsun.

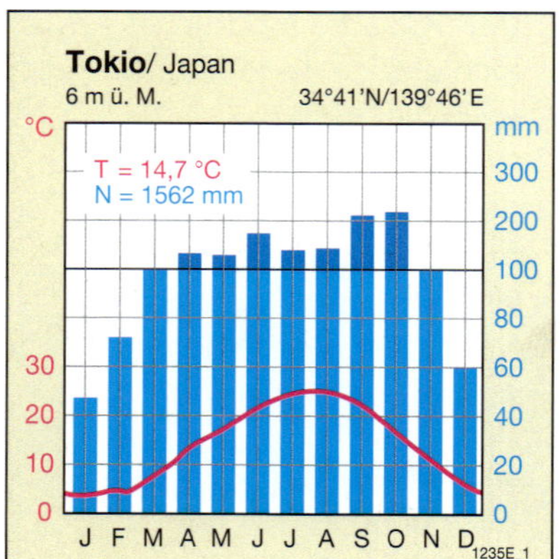

M2 *Klimadiagramm Tokio*

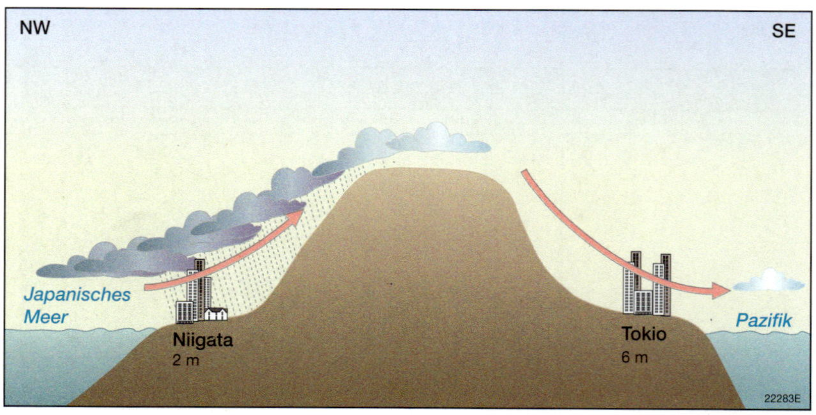

M4 *Profilbild Wintermonsun*

HW-105
www.heimatundwelt.de

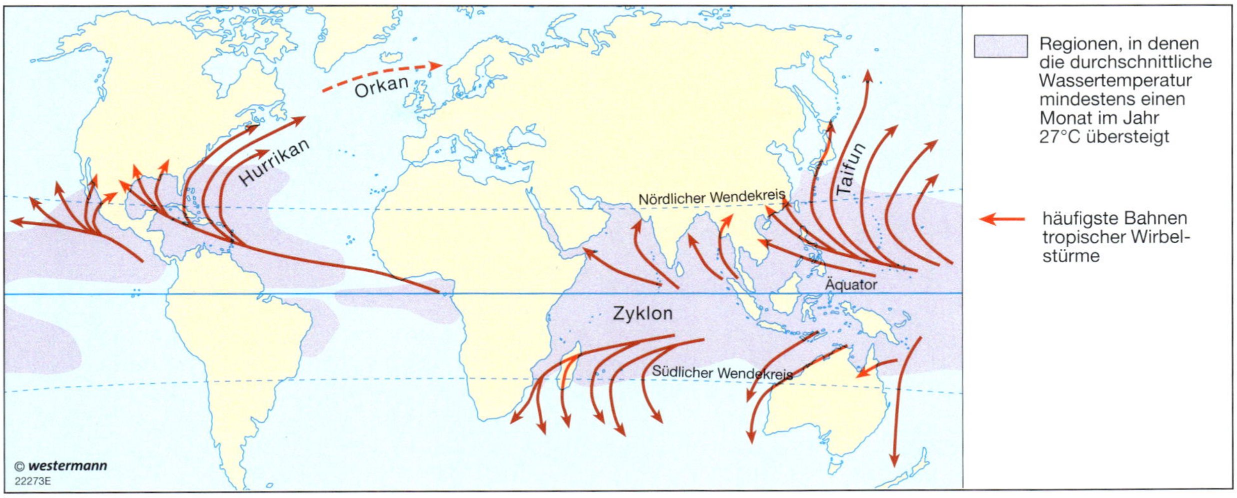

M5 *Zone von Wirbelstürmen*

Tropische Wirbelstürme

Jedes Jahr werden weltweit bis zu 70 **tropische Wirbelstürme** beobachtet. In der Karibik ist das der Hurrikan, im Pazifik der **Taifun** und im Indischen Ozean (Indik) der Zyklon.
Vom Sommer bis zum Frühherbst ziehen im Jahresdurchschnitt bis zu 30 Taifune über die Region Süd- und Südostasien. In kürzester Zeit fallen dabei sintflutartige Regenfälle. Riesige Wassermassen hinterlassen schwere Verwüstungen auf dem Festland und den Inseln.

Schwerster, jemals auf Land getroffener Wirbelsturm „Haiyan"

Der Taifun Haiyan wütet mit Windgeschwindigkeiten von bis zu 380 km/h auf den Philippinen. „Durch die extremen Geschwindigkeiten, die Haiyan erreicht, gehört der Taifun zu den vier stärksten jemals gemessenen Wirbelstürmen der Welt", erklärt der Meteorologe Jeff Masters. Mehr als 680 000 Menschen mussten ihre Häuser in den Küstengebieten verlassen. Ganze Dörfer wurden zerstört und zum Teil von der Außenwelt abgeschnitten. Viele Menschen verloren ihr Leben.

Nach: Super-Taifun. „Haiyan" ist mehr als doppelt so stark wie „Christian". www.t-online.de/nachrichten/ (Stand 15.10.2014)

M6 *Nachrichten aus Asien*

Aufgaben

4* a) Nenne die Voraussetzungen für die Entstehung tropischer Wirbelstürme (M5, Atlas).
b) Erkläre die Entstehung eines Taifuns (Atlas, Internet).

5 Beschreibe Zugbahnen von tropischen Wirbelstürmen (M5).

6 Recherchiere tropische Wirbelstürme weltweit für die letzten zwei Jahre (Internet). Erstelle eine Tabelle.

Wirbelsturm	Datum und Region	Auswirkungen

Merke
Wie in Indien gibt es auch in Ostasien eine jahreszeitlich wechselnde Windströmung, den außertropischen Monsun. Süd- und Südostasien werden durch tropische Wirbelstürme beeinflusst.

Grundbegriffe
tropischer Wirbelsturm
Taifun

Asien im Überblick

Bewerte dich selbst nach den Ampelfarben!

Markiere nach der Lösung jede Aufgabe in deinem Heft mit einem Punkt in der entsprechenden Farbe.

Die Aufgabe konnte ich
- nicht lösen. Das muss ich noch üben.
- mit Hilfen lösen.
- ohne Hilfen lösen.

1. Außenseiter und Definitionen

a) Finde den Außenseiter. Begründe deine Entscheidung.

I Angara, Lena, Jangtsekiang, Wolga

II Permafrostboden, Schlamm, Stechmücken, Savanne

III Monsun, Taifun, Zyklon, Tsunami

b) Füge die Definitionen (A – C) mit dem richtigen Begriff (a – c) zusammen.

a) Permafrostboden	b) Monsun	c) Zyklon
A) ... ist ein halbjährlich die Richtung ändernder Wind.	B) ... ist ein tropischer Wirbelsturm im Indischen Ozean.	C) ... ist ab einer gewissen Tiefe das ganze Jahr hindurch gefroren.

2. Topografie Asiens

Benenne die topografischen Objekte in der Karte.

3. Großlandschaften

a) Beschreibe die Fotos.
b) Ordne den drei Fotos die Großlandschaften zu: Gangestiefland, Himalaya, Hochland von Tibet.
c) Nenne Merkmale dieser Großlandschaften.
d) Fertige zu einer Landschaft ein Wirkungsgefüge Klima – Bios – Nutzung an.

4. Kartenskizzen-Rätsel

Kreuze an, was auf der Skizze dargestellt ist.

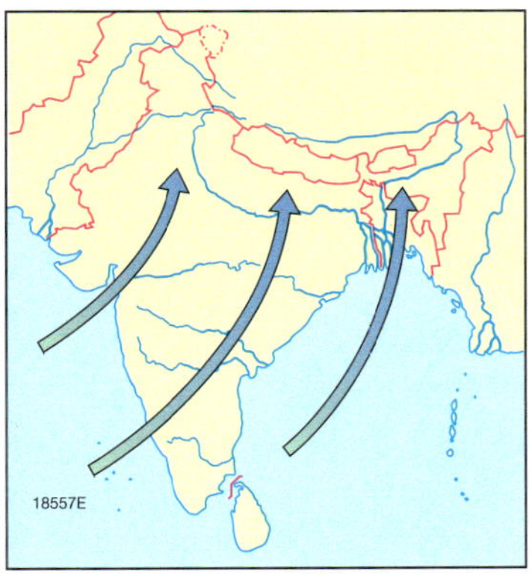

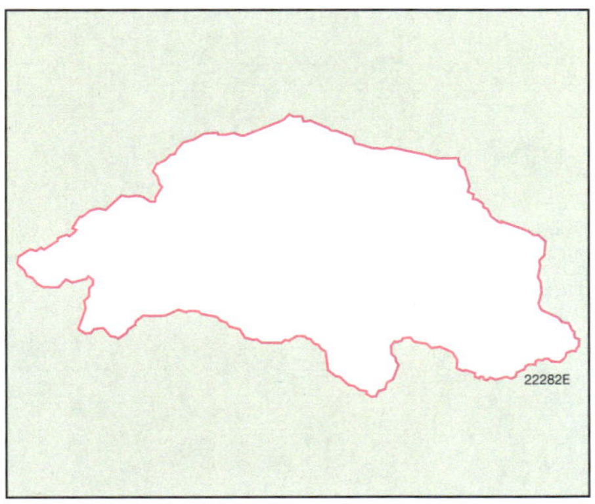

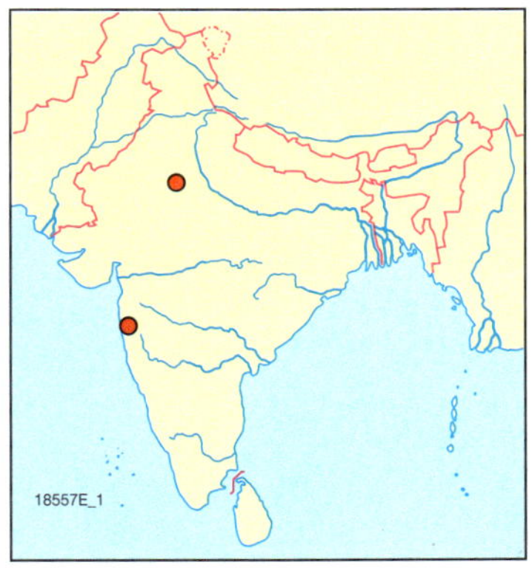

☐ Wintermorgen
☐ Sommermonsun
☐ Wirbelsturm

☐ China
☐ Russland
☐ Mongolei

☐ Jaipur und Patna
☐ Kolkata und Chennai
☐ Neu-Delhi und Mumbai

5. Das Klima Indiens – aus einem Reiseführer

Fülle den Lückentext aus.

Indien wird größtenteils durch den __①__ beeinflusst. Er kommt nicht immer aus einer Richtung, vielmehr ändert er seine __②__ je nach __③__. Von Juni bis September liegt fast ganz Indien unter dem Einfluss des __④__ , der aus Richtung __⑤__ über das Land zieht. Dann ist es feucht und regenreich. In den Bergregionen Richtung Küste kann es zu äußerst heftigen __⑥__ kommen.

Tendenziell am kühlsten und auch __⑦__ ist es im ganzen Land von __⑧__ bis Februar. Dann weht der __⑨__ aus Richtung __⑩__. Er bringt wenig Regen und der Himmel ist oft wolkenlos. Von März bis Mai wird es dann häufig sehr __⑪__ und sehr __⑫__. Regen gibt es dann eigentlich nur sehr selten, wenn der Wind Richtung Südwest dreht.

Bevölkerung Asiens

M1 *Strand in Qingdao (China)*

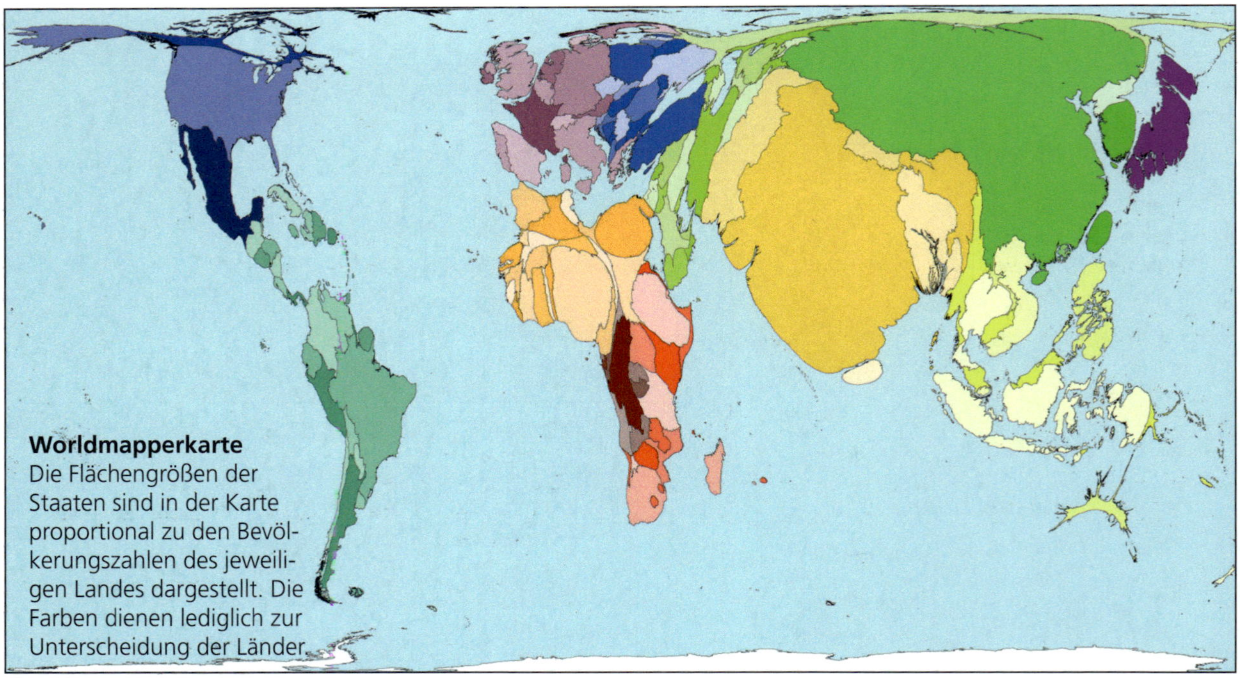

Worldmapperkarte
Die Flächengrößen der Staaten sind in der Karte proportional zu den Bevölkerungszahlen des jeweiligen Landes dargestellt. Die Farben dienen lediglich zur Unterscheidung der Länder.

M1 *Bevölkerungsverteilung der Erde*

Die Verteilung der Weltbevölkerung

Auf unserer Erde leben derzeit mehr als 7,2 Mrd. Menschen. Die Bevölkerung ist sehr ungleichmäßig auf der 148 Mio. km² großen Festlandsfläche verteilt. In der Worldmapperkarte M1 wird die Bevölkerungszahl proportional zur Staatenfläche der einzelnen Länder dargestellt. Daraus ergibt sich, dass die Flächengrößen der Staaten wesentlich größer oder kleiner abgebildet werden, als sie in Wirklichkeit sind. Diese Darstellungsweise verdeutlicht, dass in der Karte stark vergrößerte Staaten eine relativ hohe Bevölkerungsdichte haben. Die höchste Dichte weist Monaco mit 19 000 Einw. pro km² auf. Etwa ein Drittel der Weltbevölkerung lebt in nur zwei Ländern, in China und Indien.

Meist befinden sich dicht besiedelte Gebiete in klimatisch begünstigten Regionen mit guten Voraussetzungen für eine wirtschaftliche Entwicklung und Errichtung von Siedlungen. Dazu zählen insbesondere die vier großen Dichtezentren Südasien, Südostasien, die Ostküste Nordamerikas und Europa. Besiedelte Räume werden als **Ökumene** bezeichnet. Eine Ökumene ist zeitweise oder dauerhaft von Menschen bewohnt.

Unbesiedelte Gebiete unserer Erde nennt man **Anökumene**. Durch ungünstige natürliche Bedingungen, wie Hitze, Kälte und Trockenheit, können Menschen Gegenden der Erde wirtschaftlich nicht nutzen und daher dort nicht leben. So sind zum Beispiel Eiswüsten, Gebiete der Tundra, heiße Wüsten oder die Gipfelregionen der Hochgebirge unbesiedelt und gehören zur Anökumene.

Aufgaben

1 Beschreibe und begründe die weltweite Bevölkerungsverteilung (M1, Atlas).

2 a) Werte das Satellitenbild „Erde bei Nacht" hinsichtlich der Bevölkerungsverteilung aus (Atlas).
b) Vergleiche das Satellitenbild mit der Karte „Bevölkerungsdichte" (Atlas).

3 Berechne die Bevölkerungsdichte der drei bevölkerungsreichsten und bevölkerungsärmsten Länder (M4, M5, Anhang, Atlas). Vergleiche.

4 Ordne der Ökumene und Anökumene jeweils zwei Beispielräume zu und begründe (Atlas).

5 Werte die Abbildung M2 aus. Vergleiche die Daten von 2014 mit der Prognose von 2050.

HW-180, 182, 183
www.heimatundwelt.de

Wenn die Welt ein Dorf mit nur 100 Einwohnern wäre...

...wären davon:

15 Afrikaner
5 Nordamerikaner
10 Europäer
9 Lateinamerikaner
60 Asiaten (davon 22 Chinesen und 17 Inder)
1 Australier/Ozeanier

26 wären Kinder unter 15 Jahren. 8 Menschen wären älter als 65. 50 Menschen im Dorf sind Frauen. 50 sind Männer.

Armut
19 Bewohner würden von weniger als 1 US-Dollar am Tag leben. 12 Menschen hätten nicht genügend Wasser zur Verfügung.

Familienplanung
Im Durchschnitt bekämen die Frauen 2,5 Kinder.

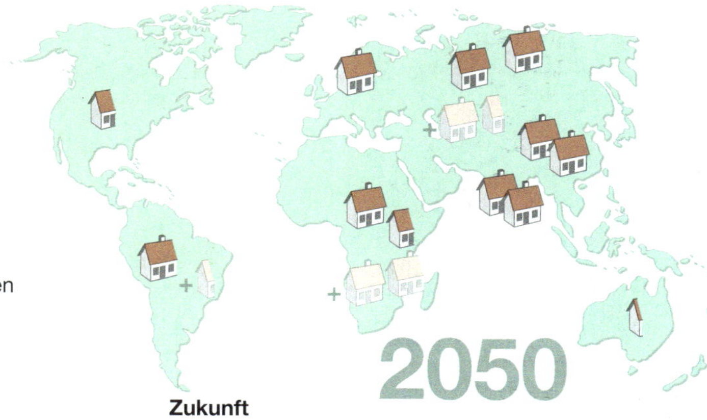

Zukunft
Die Zahl der Dorfbewohner würde jährlich um eine Person steigen. Im Jahre 2050 würden bereits 136 Menschen im Dorf leben:

34 Afrikaner
6 Nordamerikaner
10 Europäer
11 Lateinamerikaner
74 Asiaten
1 Australier/Ozeanier

14169E_3

M2 *Die Welt als Dorf im Jahr 2014 und 2050*

Grenzen verschieben sich

Früher bestimmten ausschließlich natürliche Faktoren den Verlauf der Grenze zwischen Anökumene und Ökumene. Ausreichend Niederschläge, angenehme Temperaturen, fruchtbare Böden oder ein günstiges Relief beeinflussten das Siedlungsverhalten der Menschen. Dort, wo ausreichend Nahrung produziert werden konnte, war das Überleben gesichert.
Heute führen Übernutzung, Überweidung, Versalzung der Böden bzw. Naturereignisse oft zum Verlust dieser kostbaren Flächen. Beispiele dafür hast du in der Sahelzone kennengelernt. Menschen verlassen diese Regionen.
Daneben bedingt auch der wissenschaftlich-technischen Fortschritt die Ausweitung der Siedlungsräume. So beschloss beispielsweise die brasilianische Regierung die Erschließung Amazoniens zur Gewinnung von Rohstoffen. Alaska nimmt wegen seiner Vorkommen an Erdöl, Erdgas und Edelmetallen an Bedeutung zu. Der Zuzug von Menschen wird heute also auch durch das Angebot von Arbeitsplätzen, Steuervorteilen und Subventionen bestimmt.

M3 *Siedlungsgebiete ändern sich*

Länder	Einwohner (in Mio.) 2013
China	1357,4
Indien	1252,1
USA	316,2
Indonesien	248,5
Brasilien	195,5
Pakistan	190,7
Nigeria	173,3

M4 *Bevölkerungsreichste Länder*

Länder	Einwohner 2013
Monaco	38000
San Marino	31000
Palau	21000
Cook-Inseln	10777
Tuvalu	10619
Nauru	9378
Vatikanstadt	836

M5 *Bevölkerungsärmste Länder*

Aufgabe

6 Nenne natürliche und vom Menschen beeinflusste Ursachen für die ungleiche Verteilung der Weltbevölkerung (M3).

Merke
Die Weltbevölkerung ist ungleichmäßig auf der Erde verteilt. In der Ökumene gibt es dicht und dünn besiedelte Gebiete. Die Anökumene ist unbewohnt. Früher bestimmte die Natur über die Bewohnbarkeit von Regionen. Heute erschließt der Mensch mit seinen Möglichkeiten neue Räume.

Grundbegriffe
Ökumene
Anökumene

Wachstum der Weltbevölkerung

M1 *Weltbevölkerungsuhr 2014*

Die Weltbevölkerungsuhr tickt

Vor dem Stadion von Hannover 96 steht eine Weltbevölkerungsuhr. Ihr liegen wissenschaftliche Daten zugrunde, aus denen Experten den Zuwachs der Bevölkerung bis auf die Sekunde genau berechnet haben. Nach jeder Sekunde leben fast drei Menschen mehr auf der Welt. In einer Minute sind es 165 und pro Jahr 86,7 Mio. Menschen, mehr Menschen als Deutschland Einwohner hat.

In der Urgesellschaft lebten die Menschen als Jäger und Sammler. Sie hatten nur eine geringe Lebenserwartung von ca. 20 Jahren. Wegen des Mangels an Nahrungsmitteln und der fehlenden medizinischen Versorgung hielten sich die Anzahl der Geburten und Sterbefälle die Waage.

Mit dem Übergang zu Ackerbau und Viehwirtschaft, der Entwicklung des Handels und der Errichtung von Städten kam es zu einem ersten leichten Bevölkerungsanstieg. Gebremst wurde dieser immer wieder durch Missernten, Hungerkatastrophen, Kriege oder Epidemien. Mit Beginn der Industrialisierung stieg die Zahl der Menschen dann rasant an.

Aufgaben

1 Beschreibe die Entwicklung der Weltbevölkerung (M1, M2).

2 Berechne die Wachstumsrate der Staaten und vergleiche (M3, M4).

3 Nenne Ursachen für das starke Wachstum der Weltbevölkerung (M2).

4 Vergleiche die Verteilung der Weltbevölkerung 2013 und 2100 (M5).

5 Berechne die Zeitdauer, in der die Anzahl der Bevölkerung um jeweils eine Milliarde zunahm. Beginne im Jahr 1804 und vergleiche (M1, M2).

Staat	Geburtenrate (‰)	Sterberate (‰)
Deutschland	8	11
USA	13	8
Russland	13	13
China	12	7
Indien	22	7
Tschad	51	15

M3 *Geburten- und Sterberate ausgewählter Staaten (2013)*

Geburtenrate: Zahl der Lebendgeborenen je 1 000 Einwohner pro Jahr, Angabe in Promille (‰)
Sterberate: Zahl der Todesfälle je 1 000 Einwohner pro Jahr, in Promille (‰)
Wachstumsrate: Geburtenrate minus Sterberate, Angabe in Promille (‰)
Beispiel Japan (2013): 8 ‰ – 10 ‰ = -2 ‰
Im Jahr 2013 nahm die Bevölkerung Japans um zwei Promille ab, das heißt um zwei Menschen pro 1 000 Einwohner. Das entspricht 0,2 %.
Fruchtbarkeitsrate: durchschnittliche Anzahl der je Frau lebend geborenen Kinder
Lebenserwartung: Errechneter Durchschnittswert der zu erwartenden Lebensdauer in Jahren der Angehörigen eines bestimmten Altersjahrganges.

M4 *Kennzahlen zur Bevölkerungsentwicklung*

M2 *Weltbevölkerungswachstum*

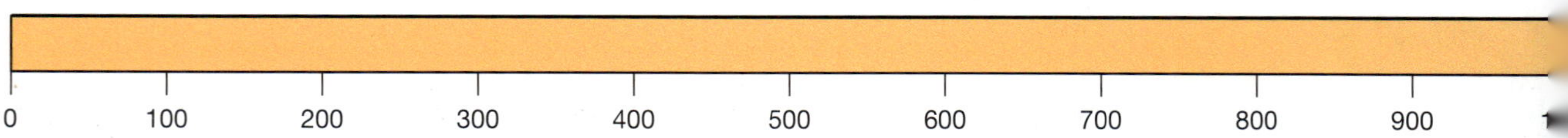

HW-182, 183
www.heimatundwelt.de

Explosionsartiges Wachstum der Weltbevölkerung

Bevölkerungsexplosion ist ein Begriff, den die Medien Ende des 20. Jahrhunderts geprägt haben, weil die Verdopplung der Bevölkerungszahl in immer kürzeren Zeiträumen erfolgte. Weltweit werden die Auswirkungen des Wachstums für die Erde diskutiert. Wie lange reichen Nahrungsmittel, Rohstoffe, Böden, Nutzflächen und Wasser für die Versorgung aller Menschen? Welche Folgen werden Wanderungsbewegungen von ärmeren in reichere Staaten haben?
Das Bevölkerungswachstum findet zu 99 Prozent in den Entwicklungsländern statt. Bei anhaltend hoher Geburtenrate sinkt hier die Sterberate durch eine verbesserte medizinische Versorgung. Die verbesserte Nahrungsversorgung führt hingegen zu einer höheren Lebenserwartung. Ein Absinken der Geburtenzahlen wird in einigen Ländern durch fehlende Bildungsmöglichkeiten sowie religiöse und traditionelle Vorstellungen verhindert. Für viele Frauen ist eine selbstbestimmte Familienplanung daher nicht möglich. Zudem mangelt es oft an Aufklärung und dem Zugang zu Verhütungsmitteln.
Vorhersagen über die künftige Bevölkerungsentwicklung gestalten sich wegen der Vielzahl von unterschiedlichen regionalen Einflüssen schwierig und weichen sehr voneinander ab. Bis zum Jahr 2100 werden z. B. China, Russland und Deutschland einen deutlichen Bevölkerungsrückgang verzeichnen. Im gleichen Zeitraum steigt die Bevölkerungszahl Nigerias und Indiens sehr stark an. Die höchsten Wachstumsraten werden in Afrika zu verzeichnen sein.

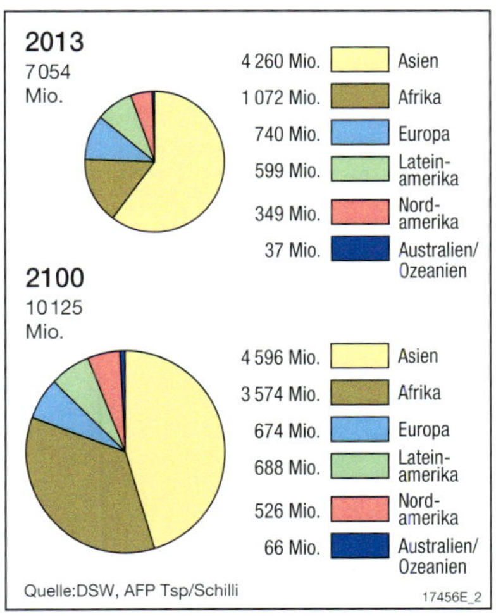

M5 *Weltbevölkerungsverteilung*

Merke

Der Anstieg der Bevölkerungszahl verlief zunächst sehr langsam. Erst mit der Industrialisierung nahm das Wachstum der Weltbevölkerung enorm zu. Heute konzentriert es sich auf die Entwicklungsländer. Vorhersagen über zukünftige Bevölkerungszahlen gestalten sich schwierig und weichen sehr voneinander ab.

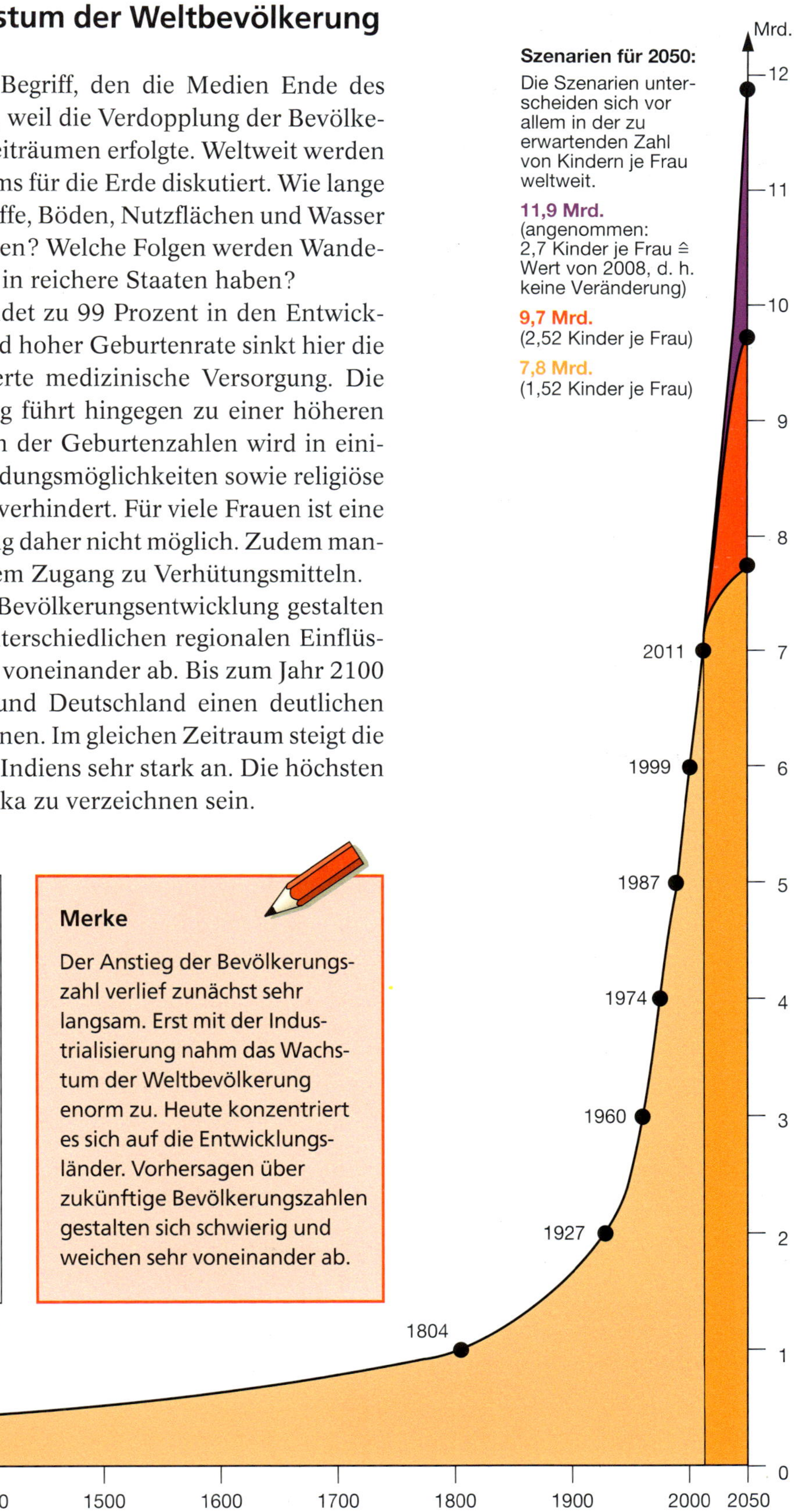

Bevölkerungsdiagramme auswerten

Aufgaben

1 Erkläre den Aufbau von Bevölkerungsdiagrammen (M1, M2).

2 Ordne die Bevölkerungsdiagramme aus dem Atlas S. 182 den Formen in M1 zu.

3 Werte das Bevölkerungsdiagramm Deutschlands nach der Schrittfolge aus. Nutze die Interpretationshilfen (M1 – M3).

4 Ordne den Diagrammtypen die Begriffe Schrumpfung, Wachstum und Stagnation zu (M1).

Darstellung von Bevölkerungsstrukturen

In einem **Bevölkerungsdiagramm** werden das Alter und Geschlecht entsprechend der Einwohnerzahl einer Stadt, der Bevölkerung eines Staates oder eines Raumes in Form eines Balkendiagramms dargestellt. Es ist wie folgt aufgebaut:

- waagerechte (X-)Achse: Anzahl der Menschen
- Ein Balken stellt die Menschen einer Altersgruppe (Jahrgang) dar.
- senkrechte (Y-)Achse: Lebensalter der Menschen
- Aufteilung der Y-Achse: links männliche, rechts weibliche Bevölkerung

Bevölkerungsdiagramme werden häufig auch als Bevölkerungspyramiden bezeichnet, weil die ersten grafischen Darstellungen früher pyramidenförmig aussahen. Die jüngsten Jahrgänge, die die Basis einer Grafik bilden, waren die zahlenmäßig stärkste Gruppe. Die Anzahl der Menschen der jeweils älteren Jahrgänge wurde immer kleiner. Eine Pyramidenform findet man heute noch in Entwicklungsländern vor. Industriestaaten haben veränderte Merkmale in der Altersstruktur der Bevölkerung. Wesentliche Merkmale sind niedrige Geburten- und Sterberaten sowie eine hohe Lebenserwartung. So gibt es weitere grafische Formen, die unterschiedliche Aussagen über die Entwicklung der Bevölkerung zulassen.

So gehst du beim Auswerten von Bevölkerungsdiagrammen vor

1. Bestimme die entsprechende Form des Bevölkerungsdiagramms (M1).
2. Interpretiere das Diagramm nach:
   a) Altersaufbau (Anteil der Kinder 0 – 15 Jahre, Erwerbsfähigen 15 – 65 Jahre, Rentner über 65 Jahre)
   b) Anteil der Geschlechter
   c) Lebenserwartung
   d) Unregelmäßigkeiten (Einschnitte oder Maxima).
3. Zeige Folgen der Altersstruktur auf (z. B. Versorgung mit Nahrungsmitteln, Bedarf an Schulen, Arbeitsplätzen, Seniorenheimen).

Typ: Pyramide
Alter in Jahren

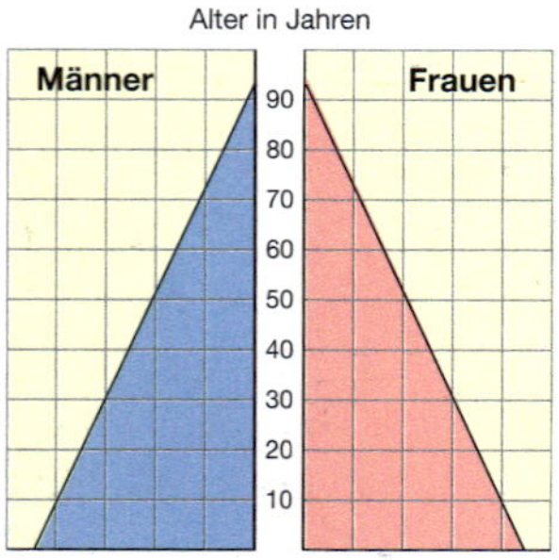

Die klassische Pyramidenform zeigt, dass die Bevölkerung kontinuierlich wächst, weil jeder Neugeborenjahrgang größer als der vorangegangene ist. Die Balkenlänge nimmt nach oben hin ab. Um 1900 war auch für Deutschland diese Form typisch.

Typ: Glocke
Alter in Jahren

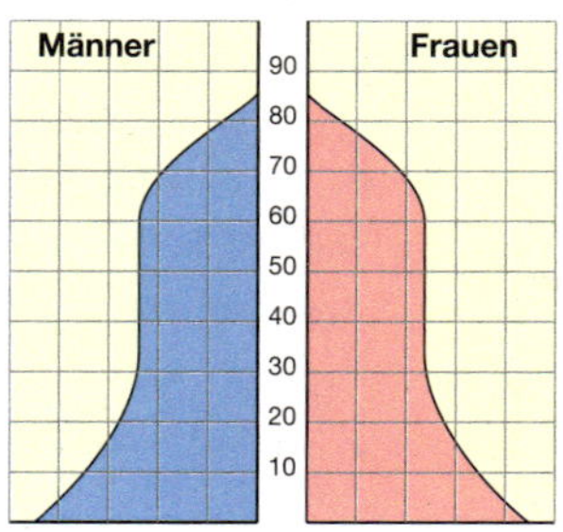

Diese Form entsteht, wenn ab dem Rentenalter die Balkenlänge nach oben abnimmt, über viele Jahre die Anzahl der Geburten gleich bleibt und in jüngster Zeit die Geburtenhäufigkeit steigt. Sie ist typisch für Industriestaaten um 1960, zur Zeit des Babybooms.

Typ: Urne
Alter in Jahren

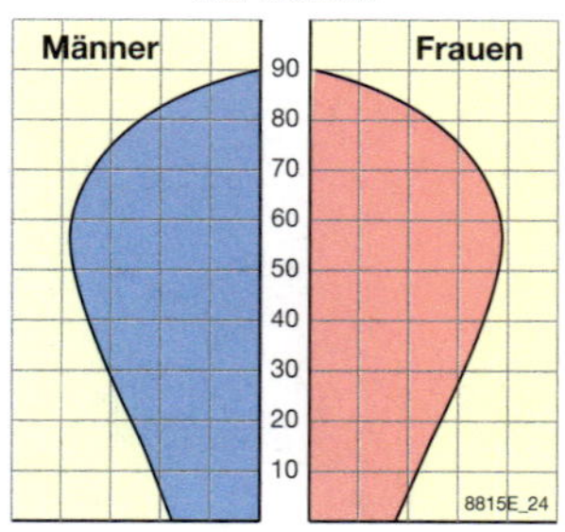

Die Anzahl der Geburten nimmt ab und die der Rentner steigt. Die Lebenserwartung ist hoch.
Die Balkenlänge nimmt nach unten hin ab.
Diese Urnenform entspricht meist hoch entwickelten Staaten.

M1 *Typische Formen von Bevölkerungsdiagrammen*

HW-182
www.heimatundwelt.de

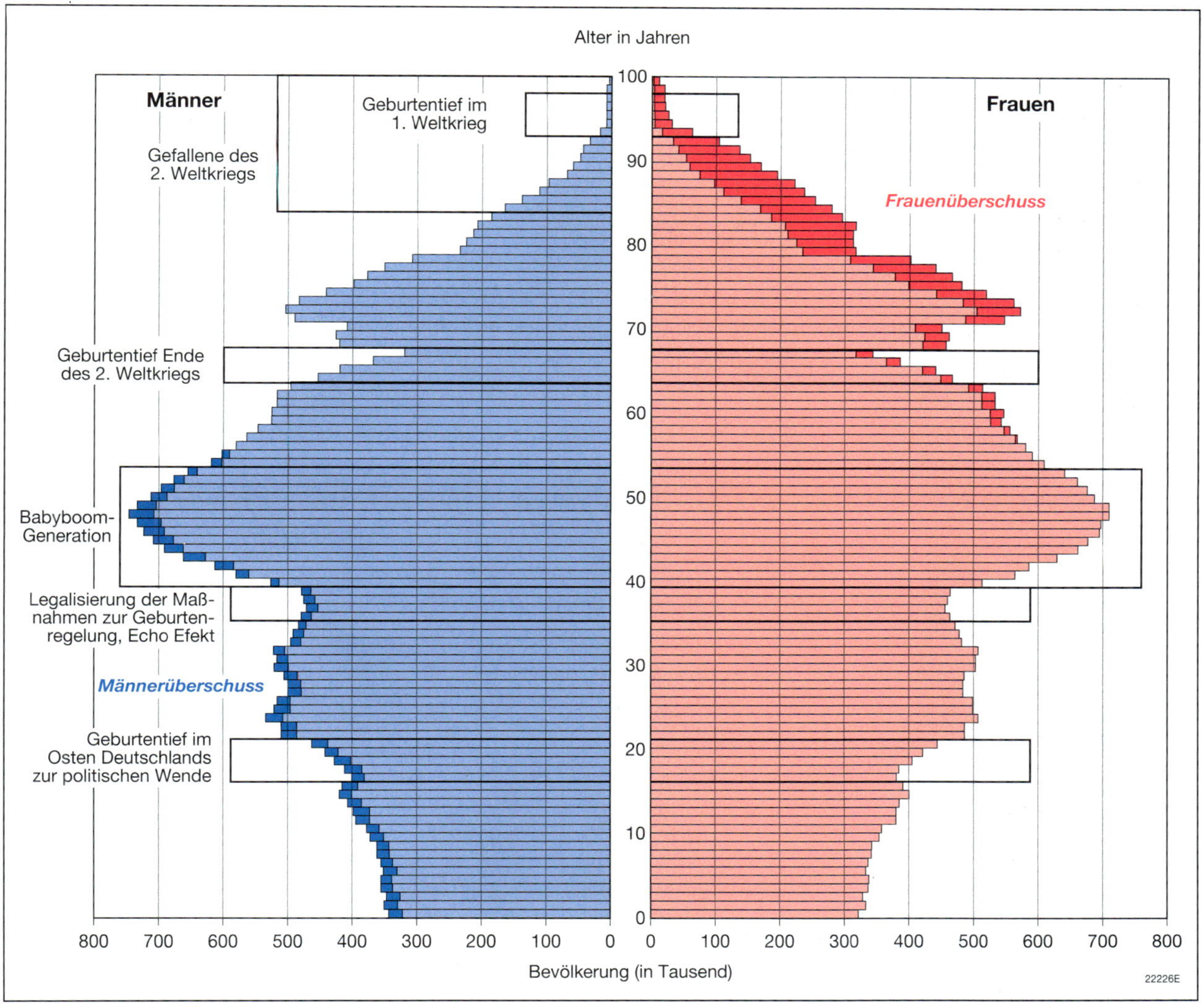

M2 *Bevölkerungsdiagramm von Deutschland (2013)*

Erläuterungen zum Bevölkerungsdiagramm von Deutschland 2013

Die Bevölkerungszahl nimmt ab. Jeder Neugeborenenjahrgang ist kleiner als der vorangegangene. In der Gruppe der Erwerbsfähigen bei den 15- bis 20-Jährigen wird ein erster Einschnitt deutlich. Infolge des politischen Umbruchs 1989/90 gehen aufgrund der unsicheren Zukunft die Geburtenzahlen im Osten Deutschlands zurück. Ein weiterer Einschnitt ist bei den 35- bis 40-Jährigen zu erkennen. Er entstand durch die Einführung der Antibabypille, die Legalisierung des Schwangerschaftsabbruchs und den sogenannten **Echo-Effekt**. Am Ende des Zweiten Weltkrieges war die Geburtenrate sehr niedrig, sodass diese Altersgruppe vergleichsweise wenige Menschen umfasst. Die geburtenstarken Jahrgänge von 1955 bis 1969 werden als Babyboom-Generation bezeichnet. Ein solches Maximum folgt häufig wenn Kriegsschäden überwunden sind. Im Altersbereich der Rentner ist ein Frauenüberschuss zu sehen, weil die meisten Männer im Alter von 20 bis 50 Jahren in den Krieg ziehen mussten. Viele von ihnen kamen dabei ums Leben. Die äußerst schwierigen Lebensverhältnisse dieser Zeit führten zu einer sehr hohen Kindersterblichkeit.

M3 *Interpretationshilfe zum Bevölkerungsdiagramm*

Merke
Ein Bevölkerungsdiagramm ist eine grafische Darstellung der Bevölkerung eines Raumes nach Alter, Geschlecht und Anzahl. Es lässt Rückschlüsse auf den Entwicklungsstand und zukünftige Probleme eines Landes zu.

Grundbegriffe
Bevölkerungsdiagramm
Echo-Effekt

Lebendiges Diagramm

Ein Diagramm wird lebendig

M1 *Arbeit an einem lebendigen Diagramm ist Detektivarbeit*

Hast du schon einmal versucht, hinter den Linien oder Säulen eines Diagramms die Lebenswirklichkeit zu entdecken? Die grafisch dargestellten Zahlenwerte beziehen sich auf konkrete Sachverhalte des Lebens. Die Einschnitte weisen auf gesellschaftliche Ereignisse oder Erlebnisse vieler einzelner Menschen hin.
Schaue dir das Bevölkerungsdiagramm von Sachsen an und suche deine Altersgruppe. Vergleiche sie mit der deiner Eltern und Großeltern. Welche Unterschiede stellst du fest?
Wenn ein Diagramm für dich lebendig geworden ist, kannst du es genauer lesen und interpretieren. Es wird dir helfen, Kernaussagen besser zu begreifen.

A) Ordne die entsprechende Altersgruppe (1–5) dem Bevölkerungsdiagramm Sachsens zu.

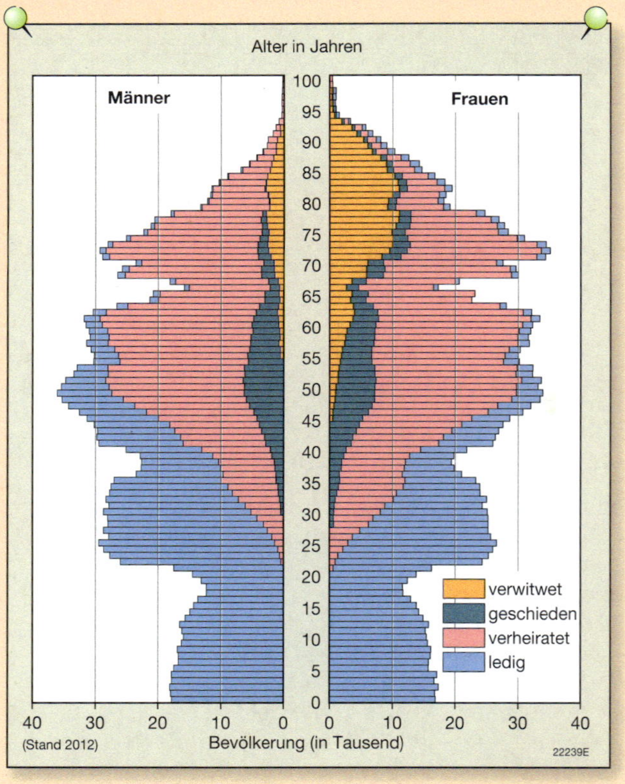

1) Ich gehöre zu den wenigen Menschen, die am Ende des Zweiten Weltkrieges geboren wurden.

2) Morgen unterschreibe ich meinen ersten Lehrvertrag als Altenpfleger. Das ist ein Beruf mit Zukunft.

3) Wie die meisten meiner Altersgruppe bin ich verheiratet und gehöre zur Babyboom-Generation.

4) Fast alle meiner Freunde sind noch ledig. Wir wurden in den Jahren geboren, als der Kinderwunsch bei vielen Sachsen gering war.

5) In meinem Bekanntenkreis gibt es viel mehr Frauen als Männer.

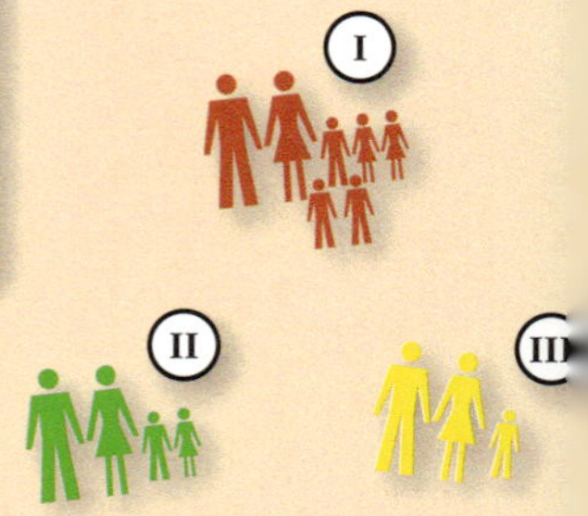

M2 *Lebendige Diagramme – Bevölkerung*

HW-54, 55
www.heimatundwelt.de

So gehst du bei der Arbeit mit einem lebendigen Diagramm vor

1. **Vorbereitung**
   Erarbeite dir Vorkenntnisse zur Auswertung von Diagrammen in Gruppenarbeit.
2. **Durchführung**
   Lies die Aussagen, die meist die Lebensrealität von Menschen widerspiegeln und zugleich einen Bezug zum Thema des Diagramms haben. Verorte anschließend jede Aussage an einer Stelle des Diagramms. Mache dir dazu Notizen und begründe deine Entscheidung.
3. **Auswertung**
   Vergleiche zunächst dein Ergebnis innerhalb der Gruppe. Diskutiere eventuelle Unterschiede. Stelle anschließend das Gesamtergebnis der Klasse vor und vergleiche erneut.

Aufgaben

1 a) Werte das Bevölkerungsdiagramm Sachsens aus (siehe Schrittfolge S. 36).
b) Vergleiche mit Deutschland (siehe S. 37 M2, Atlas).

2 Löse die Aufgaben (A–C) der Pinnwand (M2).

3 Formuliere weitere Aussagen zu den Bevölkerungsdiagrammen dieser Seite.

B) Ermittle zu den folgenden drei Aussagen (a–c) die passenden Bevölkerungsdiagramme.

a) Ich hoffe, dass es unserem Land auch weiterhin so gut geht und hier stets Frieden herrscht.

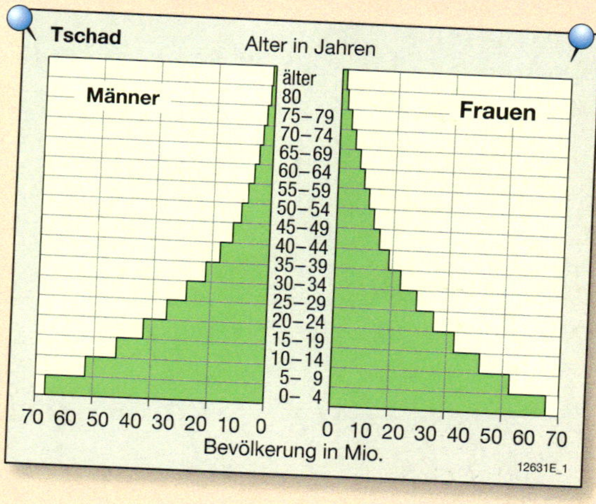

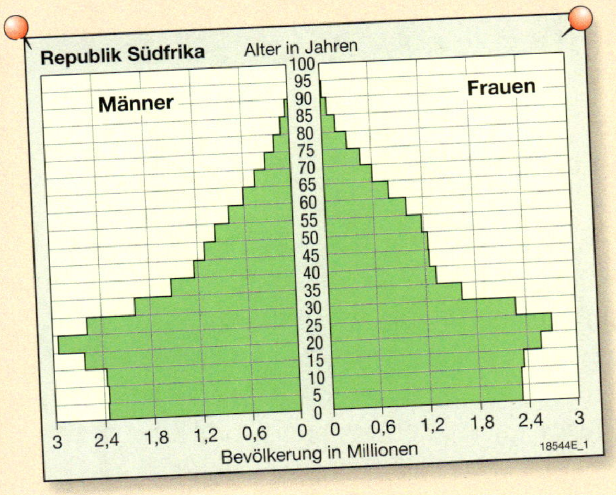

b) Durch die Aids-Epidemie sank in unserem Land die Lebenserwartung. Ich habe Aids und weiß nicht, wie es mit meinen Kindern weitergeht.

c) Ich gehöre zu den ältesten Menschen meines Landes. Wenn ich könnte, würde ich meinen 75. Geburtstag gern mit meinen sechs Kindern, 28 Enkeln und 67 Urenkeln feiern. Aber viele von ihnen sind bereits verstorben.

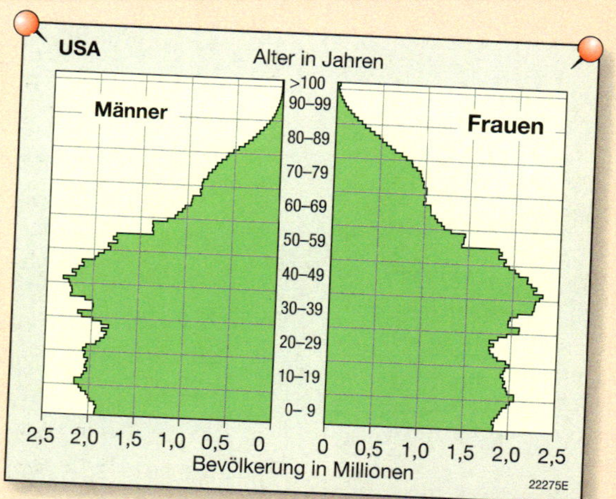

C) „Wir stellen typische Familien unserer Länder dar." Ordne die Scherenschnitte (I–IV) den vier Bevölkerungsdiagrammen der Pinnwand zu.

Bevölkerungswachstum in China

M1 *Chinesische Schüler vor einer Schule in Wuyishan*

Info

China (2013)

Einwohner: 1,36 Mrd.
Hauptstadt: Peking (20 Mio. Einw.)
Bevölkerungswachstum: 0,5 %
Anteil Stadtbevölkerung: 53 %

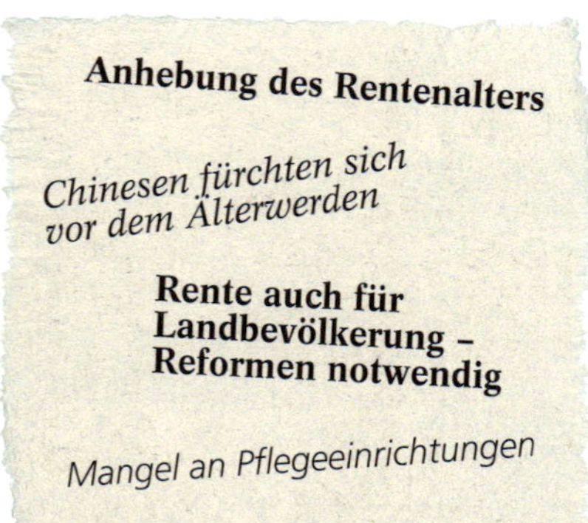
Anhebung des Rentenalters

Chinesen fürchten sich vor dem Älterwerden

Rente auch für Landbevölkerung – Reformen notwendig

Mangel an Pflegeeinrichtungen

M2 *Zeitungsmeldungen, China*

China – das bevölkerungsreichste Land

Rund ein Fünftel der Weltbevölkerung lebt in China. Über Jahrzehnte wuchs die Bevölkerung um mehr als 20 Mio. pro Jahr. In dieser Zeit brachte eine Frau ungefähr sechs Kinder zur Welt. Heute wächst die Bevölkerung um ungefähr sieben Millionen Einwohner pro Jahr und in den Familien lebt meist nur ein Kind.

Die Bevölkerungsdichte ist mit 142 Einwohnern pro km^2 relativ gering. Aber mehr als 80 Prozent der Chinesen leben auf nur 15 Prozent der Landesfläche vorwiegend im Osten des Landes.

Noch bis 1950 betrug der Anteil der Landbevölkerung 90 Prozent. Nach inoffiziellen Angaben leben heute mehr als die Hälfte aller Chinesen in Städten. Viele von ihnen sind Wanderarbeiter, sie zählen nicht mehr als Bauern, werden aber auch nicht offiziell als Städter anerkannt.

In der Stadt Shanghai wohnen heute mit 24 Mio. Einwohnern bereits mehr Menschen als in ganz Australien. China hat insgesamt 170 Millionenstädte.

Für die Ernährung der Menschen müssen jährlich drei Millionen Tonnen Getreide produziert werden, wobei nur 43 Prozent der Landfläche landwirtschaftlich nutzbar sind. Die Versorgung der Bevölkerung mit Nahrungsmitteln ist somit eine Herausforderung.

HW-103
www.heimatundwelt.de

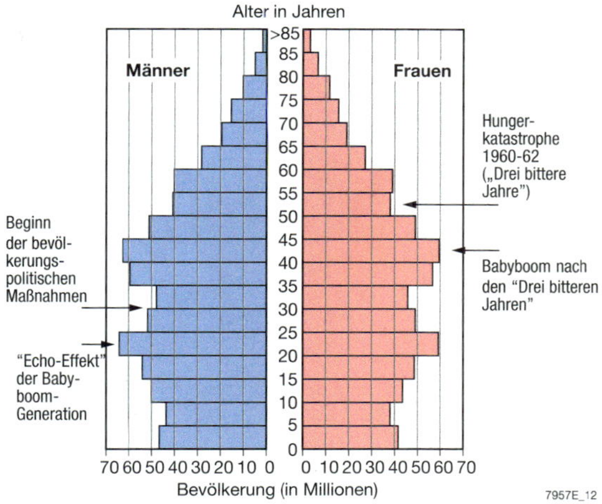

Altersaufbau China

Das Bevölkerungsdiagramm Chinas zeigt, dass die Balkenlänge ab den über 40-Jährigen kontinuierlich kürzer wird. Hohe Geburtenzahlen waren davor in China Tradition, weil die Kinder ihre Eltern im Alter versorgen mussten. Einen Einschnitt gibt es durch die Hungerkatastrophe, die in den Jahren 1960 bis 1962 durch verfehlte Wirtschaftspolitik ausgelöst wurde. Ursachen waren große Ernteausfälle sowie die Konzentration der Arbeitskräfte auf Industrieprojekte. Nach den „Drei bitteren Jahren" der Hungerkatastrophe stieg die Geburtenrate wieder an. China näherte sich der Schwelle zu einer Milliarde Einwohner. Die Regierung setzte die Ein-Kind-Politik durch. Die Anzahl der Geburten sinkt bis zu dem sogenannten Echo-Effekt der 20- bis 25-Jährigen. Deren Eltern gehörten der Babyboom-Generation an.

M3 *Die Bevölkerungsentwicklung Chinas (2013)*

Die staatlich verordnete Bevölkerungspolitik

Seit 1979 verfolgt die chinesische Regierung die Ein-Kind-Politik. Landesweit werden kostenlos Verhütungsmittel verteilt. Familien mit nur einem Kind begünstigt man bei der Wohnungsvergabe, am Arbeitsplatz und mit Steuervorteilen. Seitdem sinkt die Geburtenrate, aber es entstehen neue Probleme. Die Bevölkerung überaltert. Es fehlen Plätze in Altenheimen. In China werden deutlich mehr Jungen als Mädchen auf die Welt gebracht. Mütter nutzen vor allem bei Mädchen den kostenlosen Schwangerschaftsabbruch, weil das einzige Kind unbedingt ein Sohn sein soll, der die Familie im Alter versorgt. Für diese Jungen fehlen später Ehefrauen.
Diese Bevölkerungspolitik führte aber auch zu gleichen Bildungschancen für Jungen und Mädchen. Familien bemühen sich jetzt um eine gute Ausbildung ihrer Töchter. Das war früher nur den Jungen vorbehalten. Mit Reformen aus dem Jahr 2013 kommt es zur Lockerung der Ein-Kind-Politik.

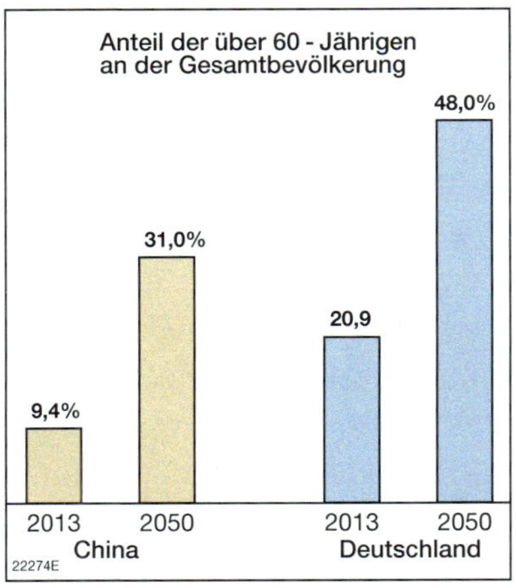

M4 *Vergreisende Gesellschaften*

Künftig ist es Paaren erlaubt, ein zweites Kind zu bekommen, wenn einer der Partner bereits aus einer Ein-Kind-Familie stammt. Bisher durften dies nur Paare, bei denen beide Partner selbst Einzelkinder waren. Zudem soll es weitere Ausnahmen geben. So dürfen beispielsweise Bauern, die weiblichen Nachwuchs haben, noch einmal versuchen, einen männlichen Stammhalter zu bekommen.

Nach: China lockert Ein-Kind-Politik und öffnet Wirtschaft. In: Freie Presse vom 16.11.2013

M5 *Reformen in China*

Aufgaben

1 Erläutere die Verteilung der Bevölkerung Chinas (Atlas).

2 Vergleiche die Anzahl der Millionenstädte Chinas mit Europa und Deutschland (Atlas).

3 a) Werte das Bevölkerungsdiagramm von China aus (M3).
b) Formuliere Aussagen für ein lebendiges Diagramm (M3, M4).

4 Vergleiche die Bevölkerungsdiagramme Chinas und Deutschlands (M3, S. 37).

5 Beurteile die Bevölkerungspolitik Chinas (M2 – M5).

Merke
China ist das bevölkerungsreichste Land der Erde. Um das Bevölkerungswachstum zu steuern, setzt die Regierung mit der Ein-Kind-Politik eine staatlich erzwungene Geburtenkontrolle durch.

Bevölkerungswachstum in Indien

M1 *Straßenszene in Südindien*

Info

Indien (2013)

Einwohner: 1,25 Mrd.
Hauptstadt: Neu-Delhi (14 Mio. Einw.)
Bevölkerungswachstum: 1,5 %
Anteil der Stadtbevölkerung: 31 %

Aufgabe

1 Beschreibe die Bevölkerungsverteilung in Indien (Atlas).

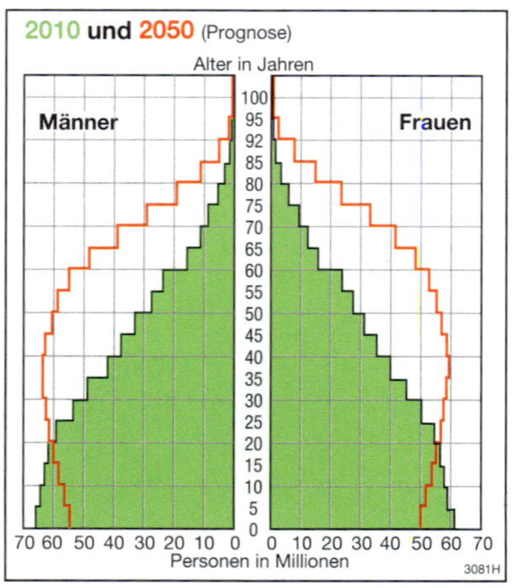

M2 *Indiens Bevölkerung*

Jedes fünfte Neugeborene der Erde ist ein Inder

Etwa ab 2020 wird es mehr Inder als Chinesen geben. Das Bevölkerungswachstum ist scheinbar grenzenlos. In Indien nimmt die Bevölkerung jährlich um 20 Mio. Menschen zu. Jede Frau bringt im Durchschnitt drei Kinder zur Welt.
In Indien leben die meisten Menschen noch in Großfamilien. Da es keine staatliche Altersversorgung gibt, sind Kinder traditionell dafür verantwortlich, ihre Eltern im Alter zu versorgen.

Kinderarbeit in Indien
Kinder leisten außerdem zum Einkommen der Großfamilie ihren Beitrag. In vielen Firmen arbeiten bereits 6- bis 15-Jährige für einen geringen Lohn. Kinderarbeit ist in Indien zwar verboten, aber weil sie nicht geahndet wird, ist sie weit verbreitet. Deshalb besuchen viele Kinder die Schule nur für wenige Jahre oder gar nicht. Eine Folge ist die hohe Analphabetenrate. Vor allem den Mädchen verwehren Eltern oft die Schulbildung.

Jungen sind in Indien mehr wert als Mädchen
Töchter verursachen den Eltern hohe Kosten, weil sie zu deren Hochzeit Brautgeld zahlen müssen. Viele Mädchen werden schon jung verheiratet und bekommen früh Kinder. Söhne hingegen vergrößern die Chance auf Einkommen und damit die Alterssicherung, weil ein junges Paar in der Familie des Mannes lebt. Besonders im ländlichen Raum, wo 69 Prozent der Inder leben, dient der Kinderreichtum häufig als wichtige Einkommensquelle der Familie. Im ärmeren Norden werden im Durchschnitt drei Kinder mehr geboren als im Süden Indiens.

HW-103
www.heimatundwelt.de

M3 *Eine indische Großfamilie*

M5 *Werbung für die Zwei-Kind-Familie*

Familienplanung in Indien

Die indische Regierung bemüht sich seit Jahrzehnten um eine Familienplanung im Land. Seit 1994 richten sich die Maßnahmen immer mehr auf Beratung, Gesundheitsfürsorge und Bildung. Überall im Land werden Vorträge über Geburtenkontrolle gehalten. Für eine geringere Kinderzahl laufen Spots im Fernsehen und hängen Plakate in der Öffentlichkeit. Zudem werden kostenlose Verhütungsmittel verteilt. Um eine frühe Heirat zu vermeiden, legte die Regierung das Mindestalter für Frauen auf 18 und für Männer auf 21 Jahre fest. Trotzdem heiraten indische Paare durchschnittlich noch mit 15,3 Jahren. Da die staatlichen Maßnahmen freiwillig sind, zeigten sie bisher nur wenig Erfolg. Sich bewusst für eine Kleinfamilie zu entscheiden, wird vor allem im ländlichen Raum durch religiöse, traditionelle und finanzielle Gründe erschwert. Nur in den Städten tendiert die Mittelschicht zur Zwei-Kind-Familie.

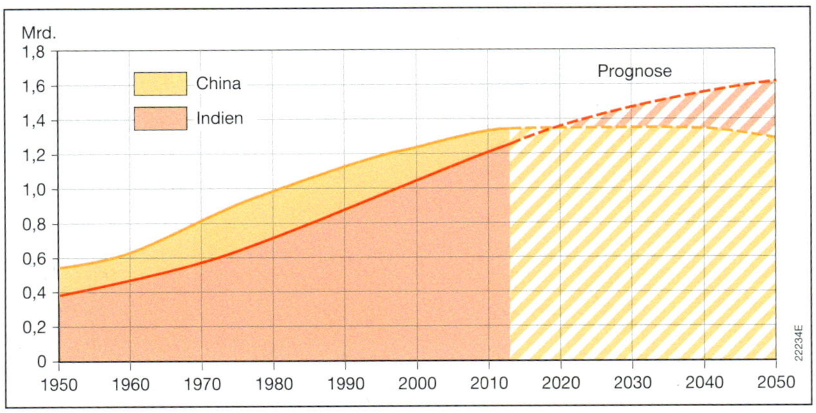

M4 *Bevölkerungsentwicklung Indiens und Chinas im Vergleich*

Aufgaben

2 a) Werte die Bevölkerungsdiagramme Indiens aus und vergleiche sie (M2).
b) Formuliere Aussagen für ein lebendiges Diagramm.

3 Beschreibe Probleme bei der Umsetzung indischer Familienplanungsmaßnahmen (M3, M5).

4 Nenne Ursachen für die unterschiedliche Entwicklung der Bevölkerungszahlen in China und Indien (M4).

Merke

Die hohe Wachstumsrate wird Indien in wenigen Jahren zum bevölkerungsreichsten Land der Erde führen. Im Gegensatz zu China sind die Maßnahmen zur Familienplanung freiwillig. Das Bemühen der indischen Regierung zeigt bisher wenig Erfolg.

Bevölkerung Asiens

Bewerte dich selbst nach den Ampelfarben!

Markiere nach der Lösung jede Aufgabe in deinem Heft mit einem Punkt in der entsprechenden Farbe.

Die Aufgabe konnte ich
- nicht lösen. Das muss ich noch üben.
- mit Hilfen lösen.
- ohne Hilfen lösen.

1. Verteilung der Weltbevölkerung

a) Ordne folgende Gebiete den Begriffen Ökumene und Anökumene zu (Atlas).
b) Begründe deine Entscheidung.
c) Ermittle zu jedem Oberbegriff zwei weitere Gebiete.

Ahaggar
Niloase
Gangesebene
Victoria-Insel
Java
Große Sandwüste
Ostküste der USA
Kunlun Shan

2. Merkmale der Bevölkerungsentwicklung

a) Nenne jeweils einen Staat, zu dem die aufgeführten Merkmale in den Kästen A und B passen.
b) Ordne die passende Form eines Bevölkerungsdiagramms zu.

A

Kinder tragen zum Familieneinkommen bei.

Kinder sind die Altersversorgung der Alten.

Große Familien sind angesehen und geachtet.

Hohe Kindersterblichkeit führt zu einer hohen Fruchtbarkeitsrate

3884E_6

B

Kinder kosten Geld und verringern den Lebensstandard.

Neben Familien gibt es immer mehr Single-Haushalte.

Kinder schränken die Berufstätigkeit der Frauen ein.

Die Altersversorgung hängt nicht von der Kinderzahl ab.

3886E_6

3. Bevölkerungsdiagramme von Deutschland

a) Benenne zu jedem Diagramm die Form.
b) Ordne ihnen die entsprechende Jahreszahl 1910, 2000 und 2050 zu.
c) Vergleiche sie mit den Bevölkerungsdiagrammen Chinas S. 41 und Indiens S. 42.

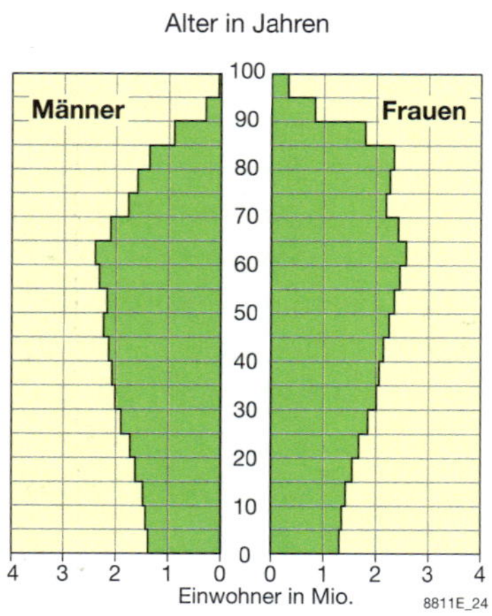

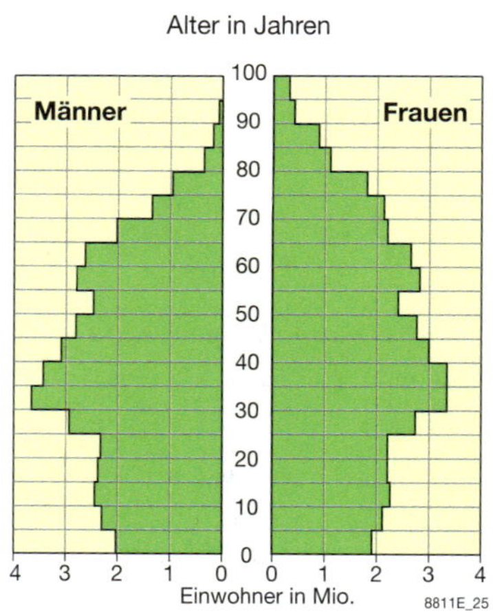

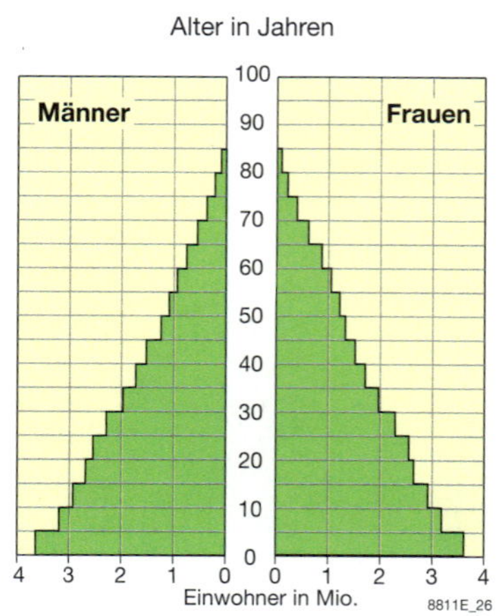

4. Einer muss raus

a) Nenne den Begriff, der nicht in die Wortreihe zum Thema Bevölkerung passt.
b) Begründe.
c) Ersetze den Außenseiter durch einen neuen Begriff.
d) Definiere die Begriffe der Reihe I.

I – Fruchtbarkeitsrate – Sterberate – Bevölkerungsdichte – Lebenserwartung
II – Glocke – Pyramide – Pilz
III – Nigeria – Indien – Japan – Tschad

5. Staat oder Kontinent gesucht

a) Schreibe die Aussagen ab und ergänze in den Lücken das entsprechende Land/den Kontinent.

I – Gegenwärtig ist ________ der bevölkerungsreichste Staat der Erde.
II – Die freiwilligen Maßnahmen zur Familienplanung zeigten in ___________ bisher wenig Erfolg.
III – Das weltweit größte Bevölkerungswachstum gibt es in ________ .
IV – Das Land mit der größten Bevölkerungsdichte in Asien heißt _______, das mit der geringsten ist _____ .

6. Bevölkerungswachstum in China

Der kleine Lee ist als Einzelkind der Liebling der gesamten Familie. Auch seine Eltern wuchsen ohne Geschwister auf. Deshalb ist Lee auch der einzige Enkel seiner Großeltern. Lees Großeltern hingegen haben viele Geschwister.

„Viele Kinder – großes Glück“ lautet ein altes chinesisches Sprichwort. Ein Journalist aus Deutschland fragt diese chinesische Familie: „Warum haben Sie nur ein Kind?“

a) Bilde eine Gruppe mit fünf Personen.
b) Jede Gruppe wählt eine Person des Fotos aus. Überlegt, was diese aus ihrer Sicht dem Journalisten antworten könnte. Schreibt Stichpunkte in euer Heft.
c) Spielt das Interview als Rollenspiel vor der Klasse.

Beispiele der Raumnutzung Asiens

M1 *Hochbauarbeiter in Shanghai*

Reis – das Hauptnahrungsmittel der Erde

Wirtschaftsräume

In diesem Kapitel lernst du Beispiele verschiedener Wirtschaftsräume Asiens kennen. Die Regionen der Erde werden aufgrund ihrer unterschiedlichen natürlichen Bedingungen auch unterschiedlich durch den Menschen genutzt. Die dabei entstehenden Räume bezeichnet man als **Wirtschaftsräume**. Nach der Produktionsstruktur werden sie in **Industrieräume** und **Agrarräume** unterteilt.
In Industrieräumen dominiert die industrielle Produktion. Die Beschäftigten in der Industrie überwiegen gegenüber denen in der Landwirtschaft. Industrieräume besitzen ein gut entwickeltes Siedlungsnetz und eine sehr gut ausgebaute Infrastruktur. Agrarräume sind vor allem durch die landwirtschaftliche Produktion geprägt, über zwei Drittel der Beschäftigten arbeiten in der Landwirtschaft. Hier finden sich kleine, verstreut liegende Siedlungen und eine schwach entwickelte Infrastruktur.

M1 *Wirtschaftsräume in Asien*

Aufgaben

1 Lokalisiere Reisanbaugebiete auf der Erde (M3).

2 a) Erkläre die Bedeutung des Reises für die Ernährung der Weltbevölkerung (M2, M4, M5).
b) Nenne Verwendungsmöglichkeiten von Reis (M5).

Reis bedeutet Leben

Reis ist eine der wichtigsten Kulturpflanzen der Erde. Für mehr als die Hälfte der Weltbevölkerung ist er das Hauptnahrungsmittel. In vielen asiatischen Sprachen ist die Bezeichnung für Reis und Essen identisch. Dies zeigt, welche hohe Bedeutung der Reis für die Ernährung auf dem asiatischen Kontinent besitzt.
In den Ländern Süd-, Südost- und Ostasiens befinden sich 90 Prozent der Reisanbauflächen der Erde. Im Jahr 2012 wurden weltweit rund 717 Mio. t Reis produziert, davon rund 204 Mio. t allein in China. Um die ständig wachsende Bevölkerung ernähren zu können, muss die Reisproduktion weiter gesteigert werden.

M2 *Reispflanze*

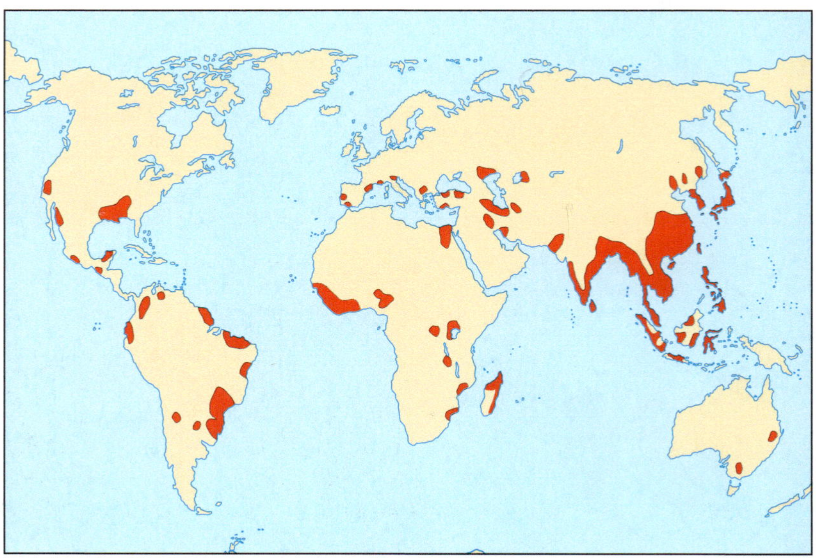

M3 *Bedeutende Reisanbaugebiete der Erde*

HW-104 www.heimatundwelt.de

Goldener Reis

Seit den 1960er-Jahren stiegen die Reiserträge. Diese Entwicklung wurde durch Maßnahmen der **Grünen Revolution** erreicht. Dazu gehören:

- Einsatz von Dünge- und Pflanzenschutzmitteln,
- Einrichtung von Beratungsstellen für die Reisbauern,
- Bau von Bewässerungsanlagen,
- Züchtung von ertragreichen Sorten mit kürzeren Wachstumszeiten,
- Züchtung gentechnisch veränderter Sorten, die widerstandsfähig gegen Krankheiten und Schädlinge sind,
- Züchtung gentechnisch veränderter Sorten, wie beispielsweise der Goldene Reis, die mehr Vitamine und Eisen enthalten.

Aufgrund der einseitigen Ernährung leiden viele Menschen und vor allem viele Kinder an Vitamin-A-Mangel. Wird dieser nicht behandelt, kann er zur Erblindung oder sogar zum Tod führen. So glauben die Wissenschaftler, mit dem Goldenen Reis ein Mittel gegen Hunger, Kindersterblichkeit und Vitamin-A-Mangel gefunden zu haben. Schon täglich eine halbe Tasse Reis, das sind ca. 40–60 g, kann den Menschen helfen. Die Markteinführung in Indien, Bangladesch und den Philippinen ist für das Jahr 2016 geplant.

Herkömmlicher und Goldener Reis

M4 *Goldene Revolution*

Verwendung von Reis

Reis ist eine der weltweit sieben wichtigsten Getreidearten. Die Reispflanze erreicht eine Höhe von bis zu 150 cm und besitzt bis zu 30 Halme, an deren Ende jeweils eine Rispe mit bis zu Hundert Reiskörnern hängt. Nach der Ernte kann Reis mehrere Jahre lang aufbewahrt werden, ohne dass er an Qualität oder Geschmack verliert. Verwendungsmöglichkeiten sind zum Beispiel:

- Reiskörner: Nahrungsmittel, Reismehl
- Reisstärke: Tapetenleim, Wäschestärke, Kosmetik
- Reisöl: Seife, Kerzen
- Reisstroh: Schuhe, Matten, Hüte, Papier, Dachabdeckung

Aufgaben

3 Beschreibe die Reispflanze und stelle zwei Sorten Reis vor (M2, Internet).

4 a) Erläutere Maßnahmen, die zur Steigerung der Reisproduktion beigetragen haben (M4).
b) Stelle dar, was den Goldenen Reis so besonders macht (M4).

Sushi

Reismilch

Kosmetik aus Reis

Reislampe

Reishüte

Reiswein

Reispudding

M5 *Alles aus oder mit Reis*

Reis – das Hauptnahrungsmittel der Erde

Land	in Mio. t
China	204,3
Indien	152,6
Indonesien	69,0
Vietnam	43,7
Thailand	37,8
Bangladesch	33,9
Philippinen	18,0
Brasilien	11,6
Pakistan	9,4
USA	9,0
Welt	716,7

M1 *Reisproduktion ausgewählter Länder (2012)*

Der Anbau von Reis

Reis zählt zu den ältesten Kulturpflanzen der Erde. In Südostasien reicht die Geschichte des Reisanbaus bis zu 7 000 Jahre zurück. Heute gibt es etwa 8 000 verschiedene Reissorten, die durch Züchtung an verschiedene Klimaverhältnisse angepasst wurden.
Im wechselfeuchten Klima wächst die Reispflanze am besten. Dabei sind hohe Jahresdurchschnittstemperaturen von über 20 °C und viel Wasser notwendig. Jahresniederschlagsmengen von ca. 1 700 mm und eine relativ kurze Vegetationszeit von 100 bis 130 Tagen ermöglichen zwei bis drei Ernten im Jahr. Für die Produktion einer Tonne Reis sind 3 000 bis 5 000 l Wasser notwendig. Die Reispflanze stellt nur geringe Ansprüche an den Nährstoffgehalt im Boden.
Der Anbau setzt mit der Aussaat zu Beginn der Regenzeit ein. Dabei werden kleine Dämme gebaut, um das Wasser auf den Feldern zu halten. Während der Wachstumsperiode sind Temperaturen um 30 °C, eine lange Sonnenscheindauer und Niederschlagsmengen um 1 500 mm ideal. Die Reisernte beginnt, wenn das Wasser in der Trockenzeit abgelaufen ist.
Beim Reisanbau werden folgende Arten unterschieden:

Aufgaben

1 a) Zeichne zu M1 ein Säulendiagramm.
b) Werte das Diagramm aus.

2 Erläutere die Anbaubedingungen von Reis (M2 – M4).

Nassreisanbau

- Anbau auf natürlich überfluteten Schwemmländern und in Deltas der Flüsse; Beispiele: Tiefländer Ostchinas, am Mekong
- Terrassenfeldbau bei künstlicher Bewässerung; mehrere Ernten im Jahr möglich; Beispiele: Südchinesisches Bergland, Java

Trockenreisanbau

- Nutzung des Niederschlagswassers in Gebirgen und Hügelländern
- Ertragsschwankungen
- geringere Erträge als beim Nassreisanbau

M3 *Reisanbauarten*

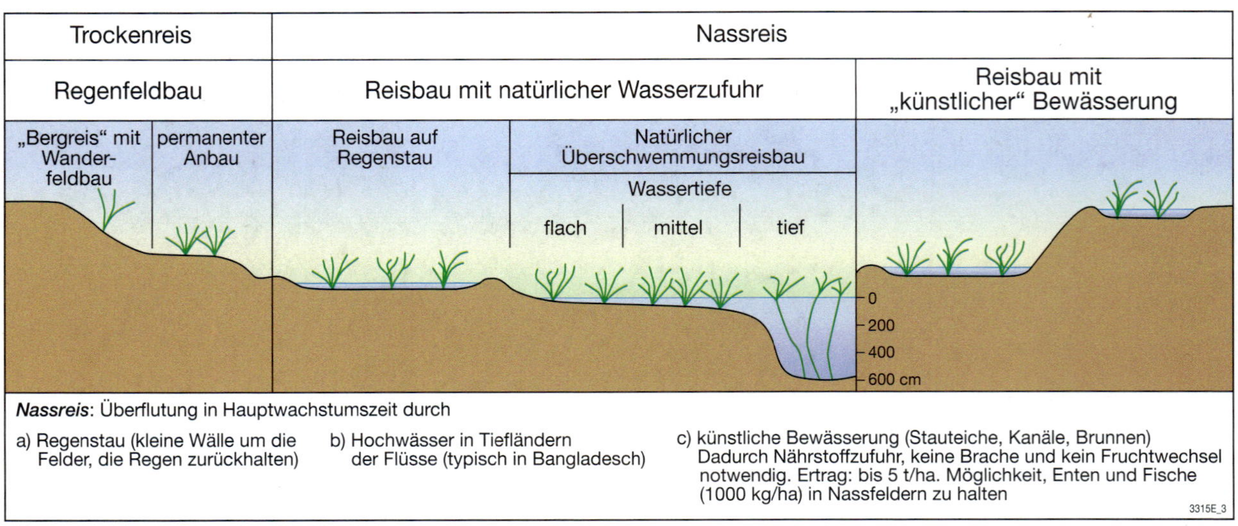

M2 *Formen der Bewässerung beim Reisanbau*

Vorbereiten der Felder

- Die Bauern pflügen mit Wasserbüffeln die Nassfelder.
- Die Dämme an den Feldern werden repariert, sodass das für das Wachstum der Reispflanzen notwendige Wasser nicht abfließen kann.
- Die Bewässerung erfolgt vom darüber liegenden Feld.
- In Saatbeeten gezogene Setzlinge werden nach 30 bis 50 Tagen in das mit Wasser gefüllte Feld gesetzt.

Reifen des Reises

- Die Bewässerung der Felder erfolgt nach dem Reifegrad des Reises. Das Wasser muss mit dem Wachstum der Pflanzen steigen.
- Drei bis sieben Monate dauert der Reifeprozess.
- Während des Wachstums der Pflanzen muss kein Unkraut gejätet werden, da das Wasser sein Wachstum mindert.

Ernten des Reises

- Die Bauern schneiden die Reishalme mit einem sichelförmigen Messer.
- Danach schlagen sie die Reiskörner aus den Ähren heraus.
- Abschließend werden die Reiskörner getrocknet und weiterverarbeitet.
- Gleichzeitig beginnt die Vorbereitung der Reisfelder für eine neue Aussaat.

M4 *Reisanbau*

Aufgaben

3 Finde den Außenseiter. Begründe deine Entscheidung.

a) *Jahresdurchschnittstemperatur über 20 °C – hoher Nährstoffgehalt des Bodens – viel Wasser*

b) *Nassreis – eine Ernte pro Jahr – künstliche Bewässerung*

c) *stabile Erträge – Trockenreis – Niederschlag in den Bergen*

4 a) Bilde zusammengesetzte Wörter zum Thema Reis.
-papier, Nass, Vitamin A, -reis, -reis, Ost, Trocken, Nahrungs-, Reis, Reis, Reis, -asien, -asien, -hut, -mittel, Goldener, Süd, Mangel,
b) Formuliere aus den Begriffen Sätze, um über die Kulturpflanze Reis zu informieren.

Merke (S. 48–51)
Die Reispflanze gehört zu den wichtigsten und ältesten Kulturpflanzen der Erde. Für mehr als die Hälfte der Weltbevölkerung ist sie das Hauptnahrungsmittel.
Für das Wachstum der Pflanze sind hohe Jahresdurchschnittstemperaturen und große Jahresniederschlagsmengen notwendig. Es gibt Nassreis- und Trockenreisanbau. Reis kann vielfältig verwendet werden.

Grundbegriffe
Wirtschaftsraum
Industrieraum
Agrarraum
Grüne Revolution

Eingriffe des Menschen: Baumwollanbau

M1 *Lage des Aralsees*

M3 *Bei der Baumwollernte*

Aufgaben

1 a) Lokalisiere den Aralsee (M1, Atlas).
b) Bestimme folgende Angaben: Länge des Amudarja, Länge des Syrdarja, Länge des Karakumkanals.

2 Erläutere zur Wiederholung den Begriff Fremdlingsfluss.

Baumwollanbau in Mittelasien

Der abflusslose Aralsee liegt im Tiefland von Turan, im Grenzgebiet zwischen Kasachstan und Usbekistan. Er ist von den Wüsten Aralkum, Karakum („schwarzer Sand") sowie Kysylkum („roter Sand") umgeben und wird von den Flüssen Amudarja und Syrdarja gespeist. Der Amudarja entspringt im Pamir-Gebirge und die Quelle des Syrdarja liegt im Tian Shan. Als Fremdlingsflüsse fließen sie durch die Wüsten und Steppen Mittelasiens.
Seit den 1950er-Jahren wird in diesem Gebiet Baumwolle intensiv angebaut. Die natürlichen Bedingungen für ihren Anbau sind in Mittelasien sehr günstig. Hier herrscht sommerheißes Kontinentalklima. Große Temperaturunterschiede zwischen Sommer und Winter sowie geringe Niederschläge sind kennzeichnend für diesen Raum. Die Baumwollpflanzen werden auf riesigen Flächen als **Monokultur** angebaut. Sie benötigen sehr viel Wasser. Zum Beispiel werden beim Anbau der für ein Baumwoll-T-Shirt benötigten Baumwolle ca. 2000 l Wasser verbraucht. Das sind etwa zehn Badewannen voll Wasser.

Die Baumwollpflanze

Eine der ältesten Nutzpflanzen der Erde ist die Baumwolle. Ihr Beiname lautet „Weißes Gold". Ihre Fasern werden zu Stoffen verarbeitet, die besonders gut Wasser und Schweiß aufnehmen können.
Die Baumwollpflanze benötigt, von der Aussaat bis zur Reife, ungefähr 200 frostfreie Tage mit Temperaturen um 20 °C. Während der Wachstumszeit braucht sie sehr viel Wasser („nasse Füße") und in der Reifezeit völlige Trockenheit („trockene Köpfe"). In diesem Zeitraum wird die Baumwolle mit Schädlingsbekämpfungsmitteln besprüht.

M2 *Weißes Gold*

M4 *Aralsee heute – hier wurde einst Fischfang betrieben*

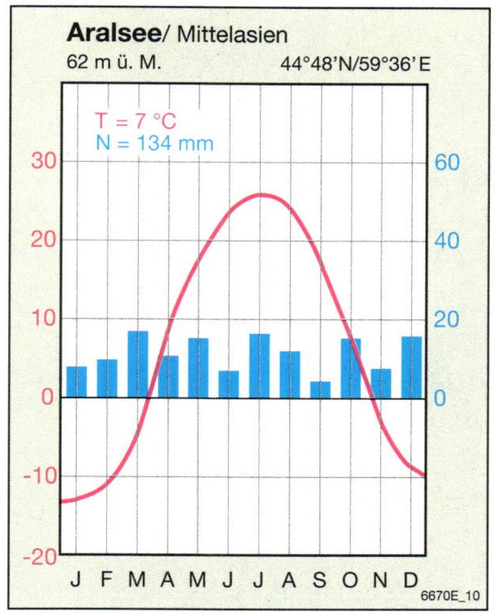

M6 *Klimadiagramm Aralsee*

Der Aralsee stirbt

In den 1960er-Jahren war der Aralsee mit rund 68 000 km² noch der viertgrößte Binnensee der Erde. Das entsprach ungefähr der Fläche Bayerns. Die Wasserfläche des Aralsees wirkte temperaturausgleichend für die Umgebung. Während des Sommers milderte sie die Hitze und im Winter die Auswirkungen der kalten sibirischen Winde. Heute zeigt sich ein anderes Bild des Sees: Schiffe liegen im Wüstensand und von dem Wasser, das sie einst trug, ist weit und breit nichts zu sehen. Der ehemalige Fischerort Muinak liegt heute mehr als 100 km vom Seeufer entfernt. Durch die enorme Wasserentnahme für den Baumwollanbau leiten die Flüsse kaum noch Wasser in den See. Zur Bewässerung wurden Kanäle gebaut. Der größte, der Karakumkanal in Turkmenistan, zweigt dem Fluss Amudarja Wasser ab und ist für 25 Prozent des Wasserverlustes des Aralsees verantwortlich. Der Wasserspiegel des Sees sank um 18 m. Die Zuflüsse zum Aralsee versiegten. Der See teilte sich in den Kleinen Aralsee im Norden und den Großen Aralsee im Süden.

Aufgaben

3 Erläutere klimatische Verhältnisse für den Anbau von Baumwolle am Aralsee (M6).

4 Beweise die Aussage: Der Aralsee stirbt (M1 – M5).

5 a) Beschreibe Veränderungen am Aralsee (M1, M4, M5).
b) Erläutere diese Entwicklung.

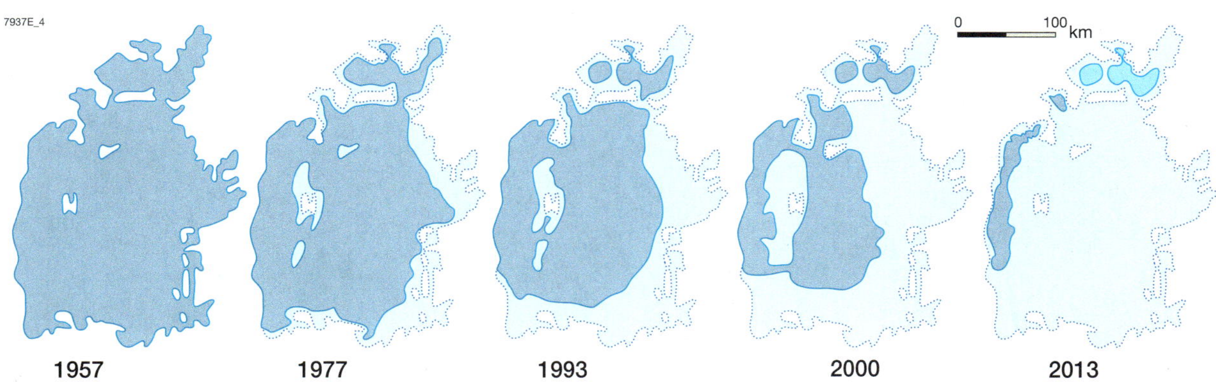

M5 *Der Aralsee zwischen 1957 und 2013*

Eingriffe des Menschen: Baumwollanbau

Aufgaben

1 Erkläre die Folgen des Baumwollanbaus in Mittelasien.

2 a) Ergänze M1.
b) Beurteile die Nutzung des Flusswassers für die Baumwollbewässerung unter dem Aspekt der Nachhaltigkeit für den Aralsee (M1).

Auswirkungen des Baumwollanbaus

Durch die enorme Wasserentnahme zur Bewässerung der Baumwollfelder erhält der Aralsee keine Zuflüsse mehr und trocknet aus – mit Folgen für Natur, Mensch und Wirtschaft.
Mit der Verlandung des Sees veränderte sich auch das Klima des Gebietes. Durch die nun fehlende Dunstglocke, die einst bei der Verdunstung des Wassers über dem See entstand und die Steppenwinde abmilderte, sind die Sommer nun heißer und die Winter kälter. Zudem kommt es zu einer Verstärkung der Staubstürme. Ein weiteres Problem ist die fortschreitende Bodenversalzung. Durch die abnehmende Wassermenge nahm die Salzkonzentration im See zu, mit der Folge, dass zahlreiche Fischarten ausstarben. Auf dem einstigen Seegrund entsteht eine neue Wüste, die Aralkum.
Die ehemalige Lebensgrundlage, der Fischfang, ist den dort lebenden Menschen damit entzogen worden. Um die Arbeitsplätze in den Fischkonservenfabriken zu erhalten, wird nun zum Beispiel in Muinak Tiefkühlfisch aus Wladiwostok verarbeitet. Durch die Nutzung verschmutzten Trinkwassers entstanden gesundheitliche Belastungen für die Bevölkerung, auch die Kindersterblichkeit stieg. Viele Menschen verließen die Region rund um den Aralsee.

Info

Nachhaltigkeit

Der Begriff der Nachhaltigkeit stammt aus der Forstwirtschaft. Der Oberberghauptmann Carl von Carlowitz aus Oberrabenstein/Chemnitz führte bereits 1713 den Begriff ein.
Nachhaltigkeit zu leben bedeutet, dass zur Deckung der Bedürfnisse des Menschen keine wirtschaftlichen, ökologischen, politischen und sozialen Schäden entstehen dürfen, die das Leben zukünftiger Generationen einschränken.

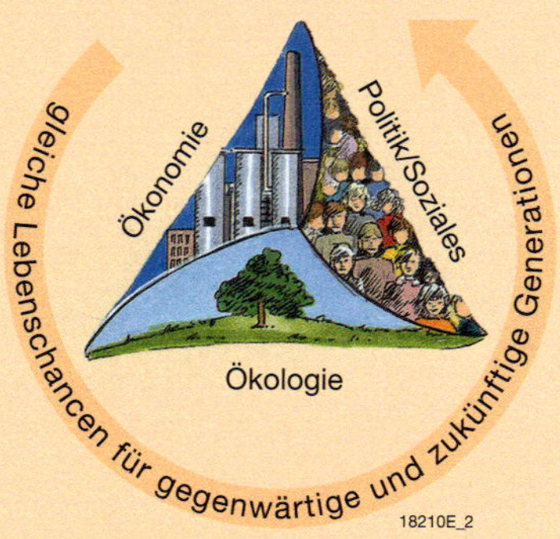

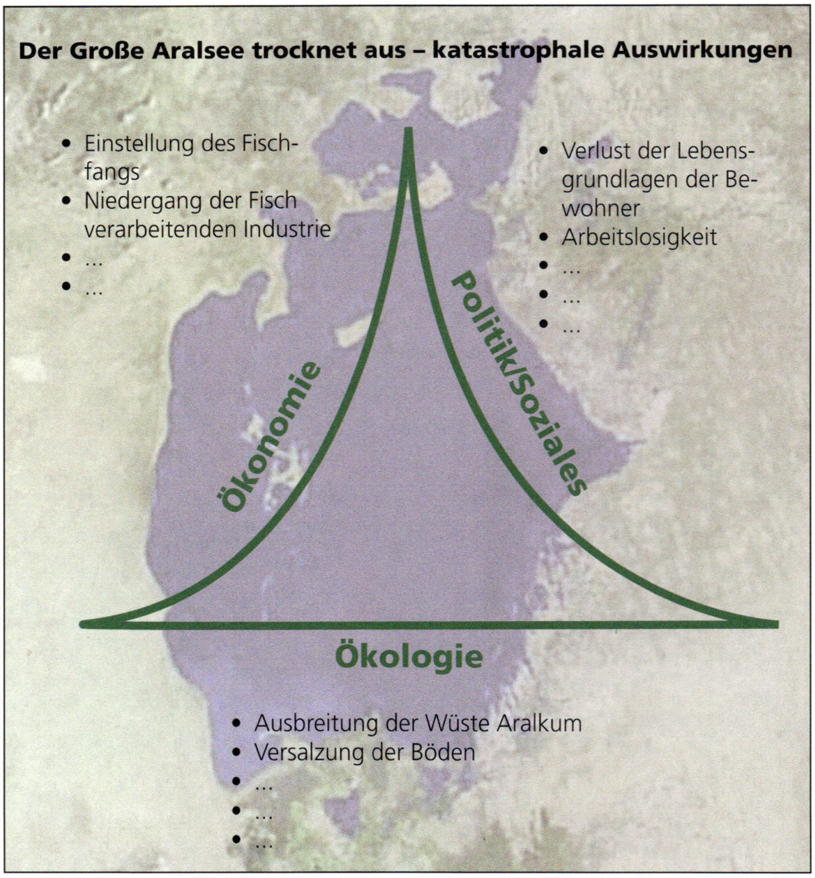

M1 *Folgen einer nicht-nachhaltigen Nutzung*

HW-104
www.heimatundwelt.de

Die Zukunft des Aralsees

Mit verschiedenen nationalen und internationalen Projekten wird versucht, den Aralsee zu retten. Fest steht allerdings, dass er seine ursprüngliche Größe nie wieder erreichen wird.
An den Kleinen Aralsee im Norden, der in Kasachstan liegt, ist die Hoffnung zur Rettung zurückgekehrt. Von 2003 bis 2005 errichtete Kasachstan den Kok-Aral-Staudamm. Die finanzielle Hilfe der Weltbank ermöglichte den Bau der 13 km langen Staumauer, die den Kleinen Aralsee im Norden und den Großen Aralsee im Süden voneinander trennt.
Die Auswirkungen des Staudamms waren schnell spürbar. Der Wasserspiegel erhöhte sich und die Fläche des Kleinen Aralsees wuchs wieder um 30 Prozent. Durch die größere Wasserfläche verbesserte sich das regionale Klima. Der Salzgehalt sank so weit, dass wieder Süßwasserfische im See leben und gefischt werden können.
Mit dem Bau des Kok-Aral-Staudamms scheint der Kleine Aralsee gerettet zu sein. Der Große Aralsee jedoch trocknet umso schneller aus. Er bezieht sein Wasser nur noch aus dem Amudarja. Turkmenistan und Usbekistan entnehmen dem Fluss auch heute noch Wasser für den Baumwoll- und Weizenanbau.

M3 *Kok-Aral-Staudamm*

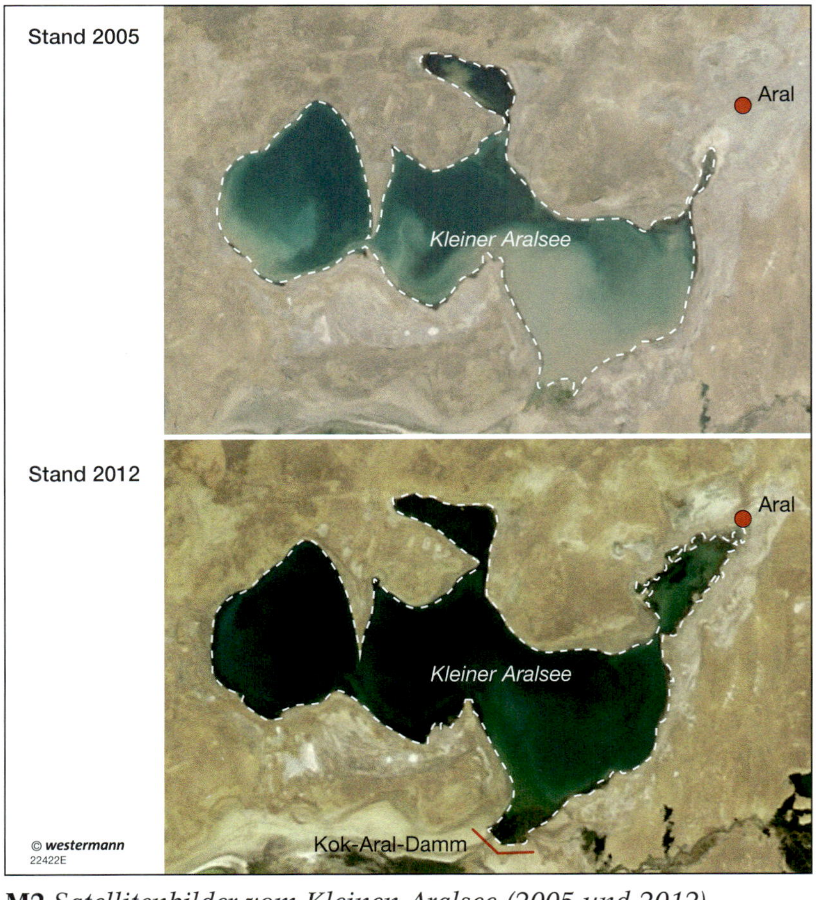

M2 *Satellitenbilder vom Kleinen Aralsee (2005 und 2012)*

Aufgabe

3* a) Beurteile die Maßnahmen zur Rettung des Kleinen Aralsees (M2, M3).
b) Diskutiert weitere mögliche Maßnahmen zur Rettung des Aralsees.

Merke (S. 52–55)
Die intensive Bewässerung beim Anbau von Baumwolle führte zur Austrocknung des Aralsees. Dadurch ergeben sich gravierende Folgen für die Natur, das Leben der Menschen und die Wirtschaft. Durch verschiedene Maßnahmen können Teile des Aralsees gerettet werden. Dazu zählt der Bau des Kok-Aral-Staudamms am Kleinen Aralsee.

Grundbegriff
Monokultur

Der Syndromansatz

Aufgaben

1 a) Erkläre die Syndrome in M1.
b) Ordne sie den Syndromgruppen zu.
c) Nenne Syndrome, die in Deutschland auftreten.

2 Erläutere das Schema des Aralsee-Syndroms (M2, M3, siehe S. 52–55).

Das Syndromkonzept

In den 1990er-Jahren stellten Wissenschaftler bestimmte „Krankheitsbilder“, **Syndrome**, für das „System Erde“ fest und entwickelten das Syndromkonzept.
Das „Krankheitsbild“ ergibt sich aus einer Summe von Symptomen. Der Begriff wird bei der Erforschung von Umweltveränderungen für die problematische Entwicklung der Mensch-Umwelt-Beziehungen verwendet. Mithilfe dieses Konzepts sollen Schlussfolgerungen für einen nachhaltigeren Umgang mit unserer Umwelt gefunden werden. Es werden drei Syndromgruppen unterschieden.

Syndromgruppe Nutzung

Probleme, die durch unangepasste Nutzung von Naturressourcen entstehen

Beispiel: Raubbau-Syndrom

Syndromgruppe Entwicklung

Probleme, die sich aus nicht nachhaltigen Großprojekten ergeben

Beispiel: Aralsee-Syndrom

Syndromgruppe Entsorgung

Probleme, die durch unangepasste Entsorgung von Stoffen in Wasser, Boden und Luft entstehen

Beispiel: Müllkippen-Syndrom

Das Sahel-Syndrom

Viele Regionen der Erde sind nur begrenzt für Ackerbau und Viehzucht nutzbar. Zur Sicherung ihrer Existenz ist die Bevölkerung solcher Gebiete jedoch gezwungen, die Böden und die Vegetation intensiv zu nutzen. Die Überweidung und Übernutzung führt dazu, dass die Eigenversorgung der Menschen nicht mehr gesichert ist. Dieses Phänomen tritt verstärkt in der Sahelzone auf.

Das Favela-Syndrom

In vielen Entwicklungs- und Schwellenländern ist ein sehr starkes und unkontrolliertes Wachstum von Städten zu beobachten. Am Stadtrand entstehen illegale Siedlungen, die durch Armut, Arbeitslosigkeit, eine hohe Kriminalitätsrate, Unterversorgung mit Infrastruktur und ein hohes Gesundheitsrisiko für ihre Bevölkerung geprägt sind.

Das Altlasten-Syndrom

Der Entsorgung problematischer Abfälle wird häufig keine Bedeutung beigemessen. So hat die nicht fachgerechte Entsorgung, gerade nahe von Industriegebieten, zu enormen ökologischen Belastungen geführt, wie verseuchter Boden und vergiftetes Trinkwasser. Eine mangelhafte Gesetzgebung begünstigt häufig eine unsachgemäße Entsorgung von Altlasten.

M1 *Syndromgruppen und einzelne Syndrombeispiele*

Arbeiten mit dem Syndromansatz

Das Aralsee-Syndrom

Das Aralsee-Syndrom zeigt die Problematik zentral geplanter Wasserbauprojekte der Erde. Dazu gehören Projekte zum Hochwasserschutz, zur Bewässerung und zur Energiegewinnung. Sie stellen einerseits die gewünschten Ressourcen, wie zum Beispiel Wasser, bereit oder schützen den Lebensraum der Menschen vor Hochwasser. Aber andererseits können sie die Umwelt und die Gesellschaft nachteilig beeinflussen. Die dabei auftretenden Auswirkungen sind selten regional begrenzt, sondern können ein größeres Ausmaß annehmen.

M2 *Beispiel der Syndromgruppe Entwicklung*

So arbeitest du mit einem Syndromschema

1. Trage Merkmale von Klima, Wasser, Boden sowie Tier- und Pflanzenwelt in das Schema (M3) ein. Kennzeichne Zusammenhänge durch Pfeile.
2. Beschreibe Auswirkungen des Baumwollanbaus auf Bevölkerung und Wirtschaft.
3. Erläutere Zusammenhänge zwischen natürlichen und menschlichen Faktoren.

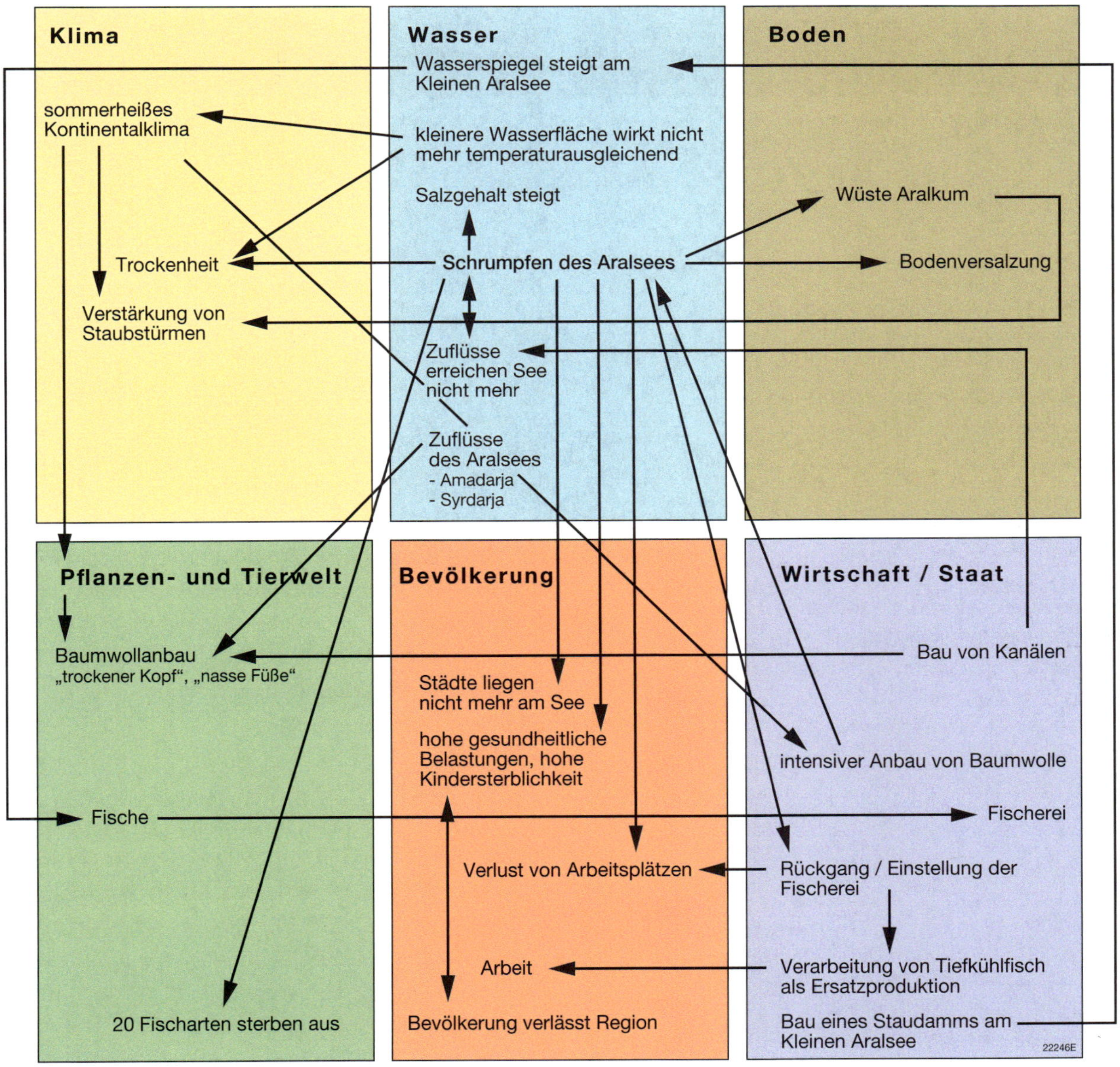

M3 *Vorlage eines Syndromschemas zum Aralsee*

Eingriffe des Menschen: Drei-Schluchten-Projekt

M1 *Jangtsekiang nahe der Drei Schluchten*

M2 *Jangtsekiang bei Nanjing*

Der Jangtsekiang

Aufgaben

1 Erarbeite einen Kurzvortrag zum Jangtsekiang (M1–M4, Atlas).

2* Überprüfe, ob der Jangtsekiang ein Dammfluss ist (siehe S. 20–21).

3 a) Erläutere Gründe für den Bau des Drei-Schluchten-Staudamms.
b) Lokalisiere weitere bedeutende Staudämme der Erde (Atlas, Internet).

4 Beschreibe die historische Entwicklung des Drei-Schluchten-Staudammprojektes (M4).

Mit seinen 6380 km, von denen 2800 km schiffbar sind, ist der Jangtsekiang der längste Fluss Chinas und Asiens. Nach dem Nil und dem Amazonas ist er der drittlängste Fluss der Erde.
Er entspringt im östlichen Hochland von Tibet. Im Oberlauf schnitt sich der Fluss tief ins Gebirge ein und schuf viele Schluchten. Zu den schönsten gehören die Tiger-Sprung-Schlucht und die Drei Schluchten. Die Tiger-Sprung-Schlucht ist die tiefste Schlucht der Erde (3900 m). Einer Überlieferung nach soll ein Tiger sie an der engsten Stelle über einen Stein in der Flussmitte in zwei Sprüngen überwinden können. Der Jangtsekiang durchquert im Unterlauf Tieflandsgebiete. Da sich hier die Fließgeschwindigkeit verringert, lagert der Fluss mitgeführte Materialien ab. Dadurch entsteht ein Dammfluss. Es können Überschwemmungen auftreten, weil das Flussbett höher liegt als die Umgebung. Bei Shanghai mündet der Jangtsekiang ins Ostchinesische Meer.

Bedeutung des Flusses für China

In dem riesigen Einzugsgebiet des Jangtsekiang von rund zwei Millionen Quadratkilometer leben ca. 350 Mio. Menschen. Er wird auch als wirtschaftliche und kulturelle Lebensader Chinas bezeichnet.
Entlang des Flusses liegen ungefähr 25 Prozent der landwirtschaftlichen Nutzfläche des Landes. Am Jangtsekiang wird mehr als die Hälfte der Industrieprodukte Chinas hergestellt. In diesem Gebiet gibt es viele wichtige Bodenschätze, viele bedeutende Industriestandorte befinden sich hier. Dafür ist der Jangtsekiang ein wichtiger Transportweg und Energielieferant.

HW-112
www.heimatundwelt.de

M3 *Drei-Schluchten-Staudamm*

Das Großprojekt Drei-Schluchten-Staudamm

Am Mittellauf des Jangtsekiang befindet sich der derzeit größte Staudamm der Welt, der Drei-Schluchten-Staudamm. Seinen Namen erhielt das Projekt durch die Drei Schluchten – Qutang-, Wu- und Xiling-Schlucht. Der Staudamm befindet sich in der Xiling-Schlucht, etwa 40 km vor dem Austritt des Jangtsekiang aus dem Gebirge bei Yichang.
Die Gründe für den Bau sind:

- Durch den Staudamm wird der Unterlauf des Flusses vor Überschwemmungen geschützt. Allein im 20. Jahrhundert starben mehr als drei Millionen Menschen durch Hochwasser. Ursachen dafür sind: Durch die wachsende Bevölkerung werden die natürlichen Überschwemmungsgebiete immer dichter besiedelt. Es gehen so jedes Jahr große Flächen dieser Überschwemmungsräume durch Ackerbau und Bebauung verloren.
- Das Kraftwerk am Drei-Schluchten-Staudamm nutzt das Wasser des Jangtsekiang zur Gewinnung umweltfreundlicher elektrischer Energie. Mit einer Leistung von 18 200 Megawatt ist es das größte Wasserkraftwerk der Welt. Diese gewonnene Energie kann helfen, das Energieproblem in Zentral- und Ostchina mit zu lösen.
- Durch den Bau des Staudamms wird die Schiffbarkeit am Oberlauf des Jangtsekiang verbessert. Es entstand ein 600 km langer Stausee, der auch die Drei Schluchten überflutete. Die Wassertiefe steigt um 70 m. So wird die Schifffahrt weniger gefährlich und größere Schiffe können die Häfen anlaufen. Seit 2009 fahren dadurch Schiffe mit einer Ladekapazität von 10 000 t bei geringeren Kosten von Shanghai nach Chongqing.

Das Drei-Schluchten-Projekt

1919: erster Vorschlag zum Bau des Staudamms
Gründe: Nutzung der Wasserressourcen, Verbesserung der Schifffahrt

1932: Forschungsteam entwirft zwei Möglichkeiten zum Bau von Staudämmen

1958: Mao Zedong, Gründer der Volksrepublik China, versuchte, das Projekt zu verwirklichen, scheiterte aber wegen zu hoher Baukosten.

1992: Zustimmung des Volkskongresses zum Bau des Staudamms

1994: Grundsteinlegung

1995: Beginn des Umsiedlungsprogramms

2003: Beginn der Flutung

2009: Fertigstellung

M4 *Chronik des Projektes*

Eingriffe des Menschen: Drei-Schluchten-Projekt

Aufgaben

1 Erläutere die Folgen des Baus des Drei-Schluchten-Staudamms.

2 a) Lege Transparentpapier auf M1. Markiere wichtige Teile (Staumauer, Schleusentreppe) des Drei-Schluchten-Projekts.
b) Berechne die Länge der Staumauer.

3 Formuliere weitere Aussagen zum Bau des Staudamms unter Berücksichtigung der Nachhaltigkeit (M3, siehe S. 54).

4 Nimm Stellung zu den Meinungen der Ingenieure. Gehe auf die Pro- und Kontra-Argumente ein (M2).

Für und Wider des Staudamm-Projekts

Das Drei-Schluchten-Projekt wurde in China immer wieder diskutiert. Bei der Abstimmung zur Genehmigung 1992 stimmte erstmals ein Drittel der Abgeordneten des Volkskongresses gegen den Bau des Staudamms. Sie bewerteten das Projekt als zu teuer.
Die Ziele, die mit dem Bau des Staudamms beabsichtigt waren, sind erfüllt. Der Unterlauf des Jangtsekiang wird vor Hochwasser geschützt und durch die Gewinnung von umweltfreundlicher Elektroenergie können 50 Mio. t Kohle/Jahr eingespart werden. Außerdem entwickelte sich durch die verbesserte Schifffahrt Chongqing zu einem der weltgrößten Binnenhäfen. Durch den Betrieb des Wasserkraftwerks sowie den Neubau vieler Städte und Straßen wurden neue Arbeitsplätze geschaffen.
Während des Baus des Staudamms mussten etwa zwei Millionen Menschen umgesiedelt werden, da 137 Städte und ca. 1 100 Dörfer überflutet wurden. Auch archäologisch bedeutende Stätten versanken. Am Staudamm, der den Fluss abriegelt, versandet der Stausee zunehmend. Die abgelagerten Sedimente müssen regelmäßig ausgebaggert werden.
Der Lebensraum vieler Pflanzen- und Tierarten wurde zerstört. Zu den bedrohten Tierarten gehören der Flussdelphin und der Jangtse-Alligator. Der Stausee wird durch Abwässer aus der Industrie und von Siedlungen sowie durch die überfluteten Fabriken, Kohleminen und Mülldeponien verseucht.

M1 *Satellitenbild des Drei-Schluchten-Staudamms (Maßstab 1 : 24 000)*

HW-112
www.heimatundwelt.de

Him Lai (Zentrale Wasserbau-Behörde, Peking)

„Der Staudamm hat uns in unserer Entwicklung einen großen Schritt nach vorn gebracht. Am Unterlauf des Jangtsekiang werden nun 200 Mio. Menschen vor großen Überschwemmungskatastrophen geschützt. Der Fluss ist ganzjährig schiffbar. Chongqing ist einer der weltweit größten Binnenhäfen. Die neuen Elektrizitätswerke erbringen eine hohe Leistung, die wir dringend zur Stromversorgung benötigen. Mit der Energie versorgen wir in erster Linie die Küstenstädte und ihre wichtigen Industriebetriebe. Wir können endlich viele Tausend Dörfer elektrifizieren. So verbessert sich der Lebensstandard der Menschen. Dass wir Menschen umgesiedelt haben, sehe ich positiv. Sie mussten zwar ihr Zuhause verlassen, haben aber neue, moderne und geräumige Wohnungen erhalten."

Han Guanwan (Universität Wuhan)

„Der Damm ist eine der größten Fehlplanungen der chinesischen Geschichte. Durch den Stausee wurden mehr als 1 100 Siedlungen mit 400 Krankenhäusern überflutet. Wegen des Dammes verloren Millionen Menschen ihre Heimat und mussten in neue Orte umsiedeln. Oft liegen diese fernab ihrer alten Heimat. Hinzu kommen die Umweltgefahren. Es wurden 1 300 Fabriken, 1 300 Kohleminen und 178 Mülldeponien überschwemmt, wodurch das Wasser langfristig verseucht werden könnte. 200 Mio. Menschen am Unterlauf des Jangtsekiang wären durch einen möglichen Dammbruch bedroht. Niemand weiß, wie lange der Damm funktionsfähig sein wird. Schließlich ist auch eine der schönsten Naturlandschaften, die Drei Schluchten, in den Fluten versunken."

M2 *Unterschiedliche Meinungen der Ingenieure*

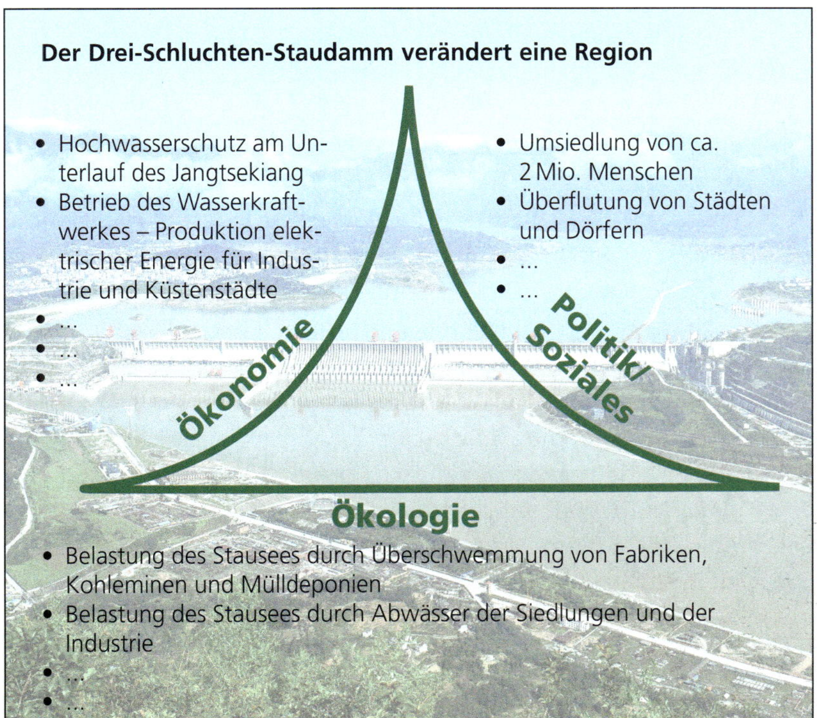

M3 *Für und Wider des Drei-Schluchten-Projekts*

Merke (S. 58–61)
Der Drei-Schluchten-Staudamm wurde zum Hochwasserschutz, zur Energieproduktion und zur Verbesserung der Schifffahrt errichtet. Aus dem Bau ergeben sich positive und negative Auswirkungen.

China – das Reich der Mitte

Info

Flagge Chinas

Das Rot des Untergrundes steht für die Farbe des Kommunismus, für die Farbe der Han-Chinesen und ist auch die Glücksfarbe Chinas. Der große gelbe Stern symbolisiert die Kommunistische Partei und die vier kleineren Sterne die vier Klassen der Bevölkerung.

M2 *Eingang zur verbotenen Stadt in Peking*

Der blaue Drache, der weiße Tiger, der rote Phönix und die schwarze Schildkröte symbolisieren die Jahreszeiten und Himmelsrichtungen.

Chinesen spielen gern und viel. Du kennst vielleicht Jo-Jo, Tangram, Mahjong oder Schach.

In Peking gab es im Jahre 2010 einen 100 km langen Stau, der sich erst nach neun Tagen auflöste.

In China wurde schon vor 2 000 Jahren auf Papier geschrieben.

Die Chinesen kannten Porzellan, Seide und Schießpulver schon lange vor den Europäern.

Chinesische Kinder lernen hart und sind im Durchschnitt neun Stunden am Tag in der Schule.

M1 *Wusstest du schon?*

Aufgabe

1 a) Beschreibe die geographische Lage Chinas (Atlas).
b) Miss die Nord-Süd-Ausdehnung und die West-Ost-Ausdehnung (M3, Atlas).
c) Vergleiche die Ausmaße mit denen Europas (Atlas).

Info

Steckbrief China

Einwohner:	1,36 Mrd. (2013)
Fläche:	9,5 Mio. km² viertgrößtes Land
Gliederung:	22 Provinzen, autonome Gebiete und Städte
Hauptstadt:	Peking (Beijing)
Währung:	Yuan

Dynastien, Kaiser und Erfindungen

Die verbotene Stadt, ein Teil von Peking, war einst die Residenz der chinesischen Kaiser. Eine Million Arbeiter bauten an mehr als 800 Gebäuden. Noch heute ist die Halle der Höchsten Harmonie das größte Holzgebäude Chinas. Aber nicht nur die größte Palastanlage der Welt steht in China, sondern auch das längste Bauwerk – die Große Mauer. Im dritten Jahrhundert v. Chr. begann man mit ihrem Bau. Sie wurde als Schutz vor den Kriegern aus dem Norden errichtet. Manche Teile wurden in späteren Jahrhunderten hinzugefügt. Noch heute sind einige Bereiche über weite Strecken unversehrt, andere Teile enden im Nirgendwo oder sind zerstört. Über 2 000 Jahre regierten chinesische Kaiser mit fast uneingeschränkter Macht und brachten das Land in Kultur und Wirtschaft zur Blüte. Nicht nur gewaltige Bauwerke zeugen davon, sondern auch viele Dinge, die noch heute Verwendung finden. China war das erste Land, das Papier herstellte, und in dem ein Seismograf die Stärke von Erdbeben maß. Auch das erste Druckverfahren wurde in China entwickelt. Die Erfindung des Kompasses verbesserte die Navigation, besonders auf den Meeren.

HW-112 www.heimatundwelt.de

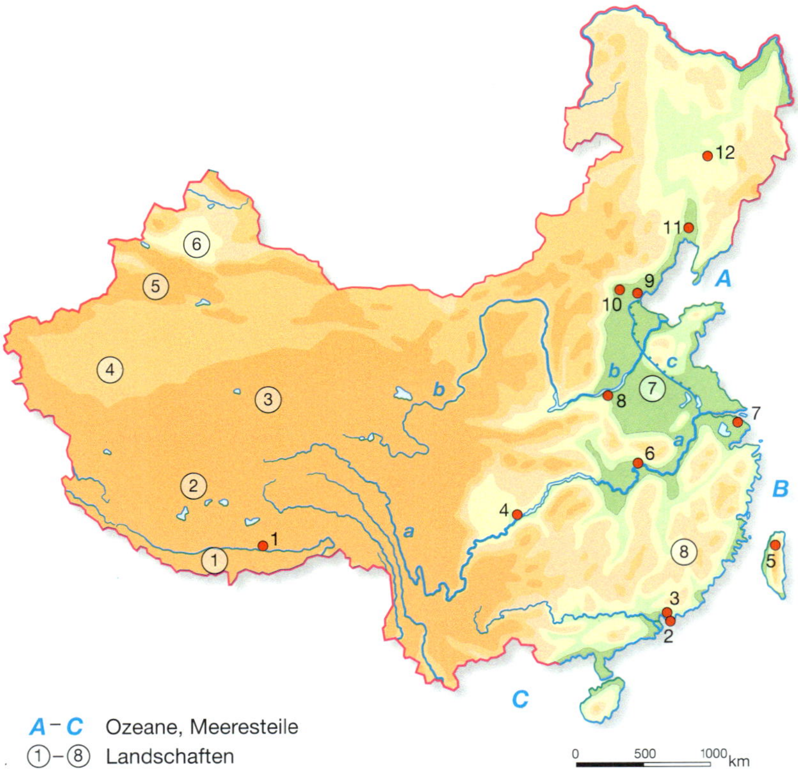

A – C Ozeane, Meeresteile
①–⑧ Landschaften
a – c Flüsse/Kanal
● 1–12 Städte
—— Staatsgrenze

M3 *China – Übungskarte*

Komponente Klima

- gemäßigte Klimazone; Ostseitenklima
- Wirkungsbereich des außertropischen Monsun
- warme, niederschlagsreiche Sommer und kalte, trockene Winter
- mehr als sechs humide Monate im Jahr

Komponente Gewässer

- Unterlauf großer Flüsse mit geringer Fließgeschwindigkeit
- besonders am Huang He oft Überschwemmungen und früher Laufverlagerung
- Deltamündungen der Flüsse
- extrem unterschiedliche Wasserführung im Sommer und Winter

Komponente Relief

- Tiefland, meist niedriger als 50 m
- relativ flach

Komponente geologischer Bau

- Aufschüttungsebene großer Flüsse
- Ablagerungen von Löss, der vom Huang He aus dem Lössplateau und den Bergländern abtransportiert wurde (Schwemmlöss)

M4 *Große Ebene – Naturraum*

M5 *Der Große Panda*

Aufgaben

2 Bearbeite die Übungskarte M3.

3 a) Beschreibe den Naturraum der Großen Ebene, finde weitere Zusammenhänge zwischen Merkmalen der Landschaftskomponenten (M4).
b) Beschreibe den Naturraum des Hochlands von Tibet mithilfe eines solchen Schemas (M4, siehe S. 16 – 19, Atlas).

4 Der Große Panda hat seinen Lebensraum in China. Recherchiere, welche Anstrengungen unternommen werden, diese Tierart vor dem Aussterben zu bewahren (Internet, M5).

Merke
China war über 2000 Jahre ein bedeutendes Kaiserreich. Die Große Mauer und die Verbotene Stadt sind Beispiele der Macht der Kaiser. Bedeutende Erfindungen wie das Papier, das Porzellan und der Kompass kommen aus dem Reich der Mitte.

Wirtschaftsmacht China

Bruttoinlandsprodukt (BIP)
9 181 Mrd. US-Dollar (2013)

BIP je Einwohner
6 747 US-Dollar (2013)

Wirtschaftswachstum
Veränderung des BIP in Prozent

2011	+9,3
2012	+7,7
2013	+7,7
2014	+7,6

M1 *Wirtschaftsdaten Chinas*

M3 *Schlagzeilen zur Wirtschaft Chinas*

Aufgaben

1 Wähle eines der folgenden Themen und bereite einen Kurzvortrag vor (Internet).
- Schule in China
- China zieht die Welt an
- Umweltprobleme und Gegenmaßnahmen

2 Werte die Wirtschaftsdaten und das Diagramm M2 aus und vergleiche mit Deutschland (M1, Anhang, Internet).

3* a) Wähle eine Schlagzeile aus und schreibe einen Zeitungsbericht dazu (M3, Internet).
b) Gestaltet mithilfe der Berichte eine Wandzeitung zu China.

„Made in China"

Auf vielen Produkten unseres täglichen Lebens lesen wir diese drei Worte. So zum Beispiel auf Computern und Zubehör, auf Sportkleidung, Schuhen und Spielzeug. In China hergestellte Produkte werden auf der ganzen Welt verkauft. Etwa die Hälfte aller Schuhe weltweit kommt aus China. Die Hälfte aller Laptops laufen mit Chips aus Chengdu, einer chinesischen Stadt mit 1400 Elektronikfirmen. Diese Stadt ist heute eines der wichtigsten Zentren der Industrialisierung in Westchina.

Die meisten industriellen Zentren des Landes liegen in den Küstenebenen, wo sich die Wirtschaft in folgenden Großräumen konzentriert:
- im Mündungsgebiet des Jangtsekiang mit Shanghai,
- im Perlflussdelta mit Hongkong, Shenzhen und Kanton und
- in Peking.

Auch die Landwirtschaft hat in China sehr große Bedeutung. Das Land ist der größte Getreideproduzent der Erde. Es werden vor allem Weizen, Mais und Reis angebaut.

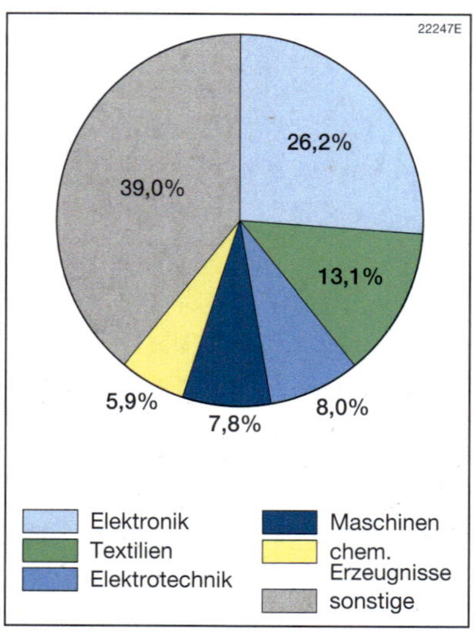

M2 *Chinas Ausfuhrgüter (2011)*

M4 *Industriegebiet in Chongqing*

HW-106
www.heimatundwelt.de

M5 *Skyline von Shenzhen*

Beispiel Sonderwirtschaftszone Shenzhen

Shenzhen liegt in der Provinz Guangdong in unmittelbarer Nachbarschaft zu Hongkong. Das war auch einer der Hauptgründe, dieses Gebiet staatlich zu fördern. Bereits 1979 wurde beschlossen, hier die Industrialisierung voranzutreiben und eine **Sonderwirtschaftszone** einzurichten. Das sind staatlich ausgewiesene Gebiete, die wirtschaftlich besonders gefördert werden, z. B. durch Steuerermäßigungen und staatliche Zuschüsse. Ziel ist es dabei, ausländische Investoren anzulocken und so Kapital und Know-how ins Land zu holen. Shenzhen entwickelte sich innerhalb von etwa 30 Jahren von einer Kleinstadt mit 30 000 Einwohnern zu einer Großstadt mit mehr als zehn Millionen Einwohnern. Heute ist Shenzhen die Stadt mit dem höchsten Pro-Kopf-Einkommen in China. Wichtigste Industriezweige sind die Elektronik und die Telekommunikationsindustrie. Hier werden z. B. Bauteile für Apple, Sony und Nintendo hergestellt. Auch erfolgreiche chinesische Hightech-Unternehmen wie Huawei oder Xunlei haben hier ihren Sitz.

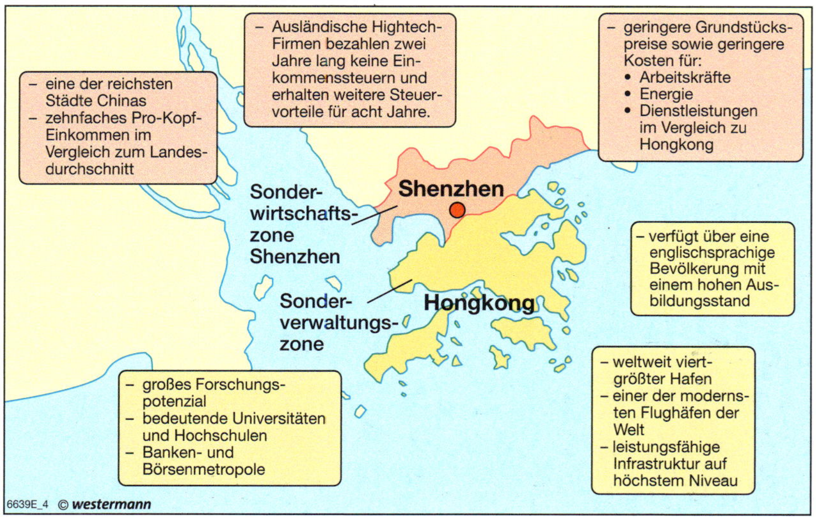

M6 *Sonderwirtschaftszone Shenzhen*

Aufgabe

4 Erläutere die Vorteile der Sonderwirtschaftszone Shenzhen in Chinas Perlflussregion (M5, M6).

Info

Hongkong

Hongkong war seit 1843 britische Kronkolonie. Im Jahr 1997 wurde Hongkong an die Volksrepublik China zurückgegeben und ist seitdem eine Sonderverwaltungszone.

Emblem von Hongkong

Hier existiert ein eigenes politisches und wirtschaftliches System. Hongkong bewahrt sich eine große Autonomie. So verfügt die Sonderverwaltungszone über eigene Gesetze, Zölle oder auch eine eigene Währung, den Hongkong-Dollar.

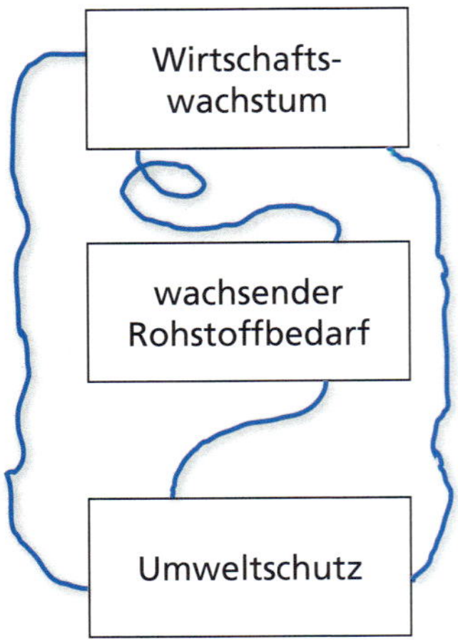

M1 *Wie lässt sich das vereinen?*

Aufgabe

1 Bedeutet das große Wirtschaftswachstum in China gleichzeitig Raubbau an der Natur? Wie können die Probleme zwischen wachsendem Rohstoffbedarf und Umweltschutz gelöst werden? Werte die Materialien dieser Doppelseite aus. Diskutiert eure Schlussfolgerungen (M1 – M6).

Wandel in der wirtschaftlichen Entwicklung

Das enorme Wirtschaftswachstum Chinas der letzten Jahre hat sich verlangsamt. Eine Ursache dafür sind Bestrebungen Chinas, die noch bestehenden wirtschaftlichen Ungleichgewichte zu verändern. Man will nicht mehr nur billig für den Export produzieren.
Jährlich gibt es in China zehn Millionen Hochschulabsolventen. Bisher ist es für sie schwer, Arbeit zu finden, weil höherwertige Jobs knapp sind. Das soll sich ändern. In Zukunft sollen immer mehr Fabrikhallen durch Forschungseinrichtungen ersetzt werden.
Außerdem ist man bestrebt, den bislang schwachen Konsum innerhalb des Landes anzukurbeln.
Ein weiteres Problem, das in der Zukunft gelöst werden muss, ist der wachsende Rohstoffbedarf und die Verbesserung des Umweltschutzes.

Der **WWF**-Report 2012 zeigt auf, dass China Raubbau an der eigenen Natur betreibt. Die größten Umweltprobleme, mit denen das Land derzeit kämpft, sind:

- verschmutztes Wasser: 43 Prozent der Flüsse sind so verschmutzt, dass Menschen den Kontakt mit dem Wasser meiden sollten.
- steigende Treibhausgas-Emissionen: Es gibt bisher in China keine verbindlichen Ziele zur Reduzierung der Treibhausgase.
- Verlust von fruchtbarem Land: Ursachen dafür sind die wachsenden Siedlungs- und Infrastrukturflächen sowie die Wüstenausbreitung.
- zunehmende Luftverschmutzung: Nur ein Prozent der etwa 600 Mio. Chinesen, die in den Städten leben, atmet Luft, die auch nach EU-Richtwerten als sauber gelten würde.

Es gibt aber auch viele Ansätze zur Verbesserung der Umweltbedingungen. Im Jahr 2013 wurden die Ziele zum Ausbau der Solarenergie von fünf auf 40 Gigawatt (GW) im Jahr 2015 heraufgesetzt. Die Leistung von Windkrafträdern soll bis zum gleichen Jahr 100 GW erreichen.

Nach: Reuter, B. (2012): China steht vor einem Öko-Kollaps. In: Wirtschaftswoche Green Umwelt. http://green.wiwo.de/umwelt-china-steht-vor-einem-oko-kollaps/ (Stand 15.10.2014)

M3 *Chinas Umweltprobleme*

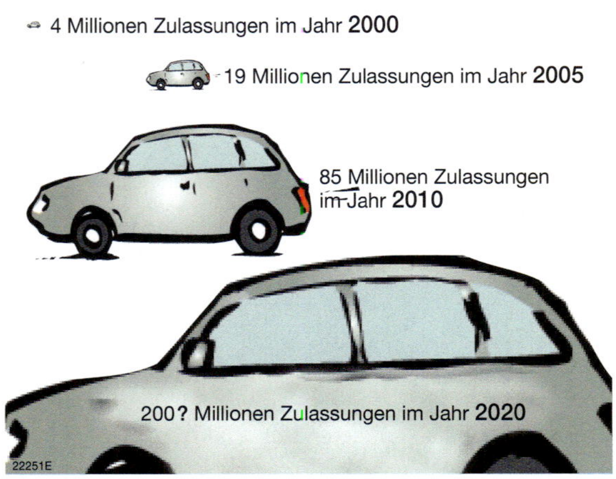

Elektroautos in China

In den chinesischen Großstädten ist die Verkehrsdichte sehr groß. Entsprechend hoch ist die Umweltbelastung. Es gibt bisher verschiedene Einschränkungen, die das Problem lösen sollen. So gibt es in Beijing (Peking) zum Beispiel seit 2011 nur noch 20 000 Neuzulassungen pro Monat, die nach dem Losprinzip vergeben werden. Außerdem dürfen in vielen Städten täglich wechselnd nur noch Autos mit geraden oder ungeraden Nummern auf dem Nummernschild fahren. Seit 2013 bekommen Chinesen einen staatlichen Zuschuss von 60 000 Yuan (etwa 7 300 Euro), wenn sie ein Elektroauto kaufen. Zudem sollen Elektroautos in einigen Städten von der Nummernschild-Lotterie ausgenommen werden. Dies soll helfen, die gefährlichen Feinstaubbelastungen zu verringern.

Nach: Lee, F. (2013): Elektroautos in China. 60.000 Yuan Zuschuss. www.taz.de/Elektroautos-in-China/!123979/ (Stand 15.10.2014)

M2 *Entwicklung privat genutzter Autos in China*

M4 *Durch Bergbau verseuchte Umwelt in Guangdong*

Info

Seltenerdmetalle

17 Elemente zählen zu den Seltenerdmetallen. Beispiele sind die Elemente Cer, Neodym und Promethium. Ohne diese Metalle, die ganz besondere chemische Eigenschaften haben, gäbe es keine Smartphones oder LED-Leuchten. Viele moderne Technologien wären nicht möglich. So stellt Neodym in einem Gemisch mit Bor und Eisen den stärksten derzeit existierenden Magneten dar, der in Elektromotoren oder Festplattenlaufwerken unentbehrlich ist.

Rohstofflager China

Seltenerdmetalle sind in China gar nicht so selten, wie es der Name sagt. Aber sie treten oft nur in geringer Konzentration auf. Daher müssen große Erdmengen bewegt werden, um sie zu gewinnen. In vielen Ländern wurde die ziemlich komplizierte und umweltschädliche Förderung dieser Seltenerdmetalle seit den 1990er-Jahren zurückgefahren, weil Importe aus China billiger waren. Hier entstanden riesige Tagebaue und entsprechende Abraumhalden, die ganze Landschaften zerstörten. Für das Zermahlen der Gesteinsbrocken wird viel Energie benötigt, die meistens durch umweltbelastende Kohlekraftwerke erzeugt werden. Zudem benötigt man für ihre Aufbereitung große Mengen Wasser und Chemikalien. Zurück bleibt giftiger Schlamm, der das Grundwasser verschmutzt. Seit 2010 schränkte China den Export ein, um Ressourcen und die Umwelt zu schonen. Damit werden die Preise nach oben getrieben. China möchte erreichen, dass die Seltenerdmetalle im eigenen Land bleiben, um die Produktion von Schlüsseltechnologien erhöhen zu können.

Nach: Seltene Erden. Schmutzige Rohstoffe für grüne Technologie. www.engineering-igmetall.de/seltene-erden-schmutzige-rohstoffe-für-grüne-technologie (Stand 15.10.2014)

M5 *Seltenerdmetalle – Chinas strategischer Rohstoff*

Aufgabe

2 Erläutere, warum China die Exporte für Seltenerdmetalle begrenzt (M5).

Energierohstoff Kohle

Zwei Drittel ihres elektrischen Stroms gewinnt die Volksrepublik China aus Steinkohle. Zwei Milliarden Tonnen Kohle verbraucht das Land derzeit pro Jahr – mehr als die USA, Japan und die EU-Staaten zusammen. Bis 2015 sind 562 neue Kohlekraftwerke geplant. Oft werden die vorgeschriebenen Filteranlagen ausgeschaltet, um Kosten zu sparen. Die Bewohner dieser Regionen haben mit den Folgen zu leben. Yuan Guangsun aus Beishan schickte eine offizielle Beschwerde an die lokalen Behörden: „Der Weizenertrag unserer Felder geht um ein Drittel zurück; die Ascheschicht auf Tomaten und Kohlköpfen lässt sich nicht mehr abwaschen." Aber auch in entfernteren Städten ist die Feinstaubbelastung durch die vielen Kohlekraftwerke stark angewachsen. Krankheiten wie Lungenkrebs und Herz-Kreislauf-Beschwerden haben in China deshalb massiv zugenommen.

Wörtz, T. & Hanig, F. (2007): China: Der schwarze Riese. www.geo.de/GEO/natur/oekologie/china-der-schwarze-riese-55322.html?p=3 (Stand 15.10.2014)

M6 *Steinkohle und Kraftwerke in China*

Merke (S. 64–67)
China gehört zu den am stärksten wachsenden Volkswirtschaften der Welt. Die eingerichteten Sonderwirtschaftszonen sollen ausländische Investoren anlocken und die chinesische Wirtschaft weiter stärken.

Grundbegriffe
Sonderwirtschaftszone
WWF

Shanghai

M1 *Stadtteil Pudong – das „Manhattan des Ostens“*

Aufgaben

1 Beschreibe die Lage der Stadt Shanghai (Atlas).

2 Finde die in den Texten genannten Stadtteile und Einrichtungen auf der Karte M3.

Wirtschaftsstandort Shanghai

Shanghai ist der wichtigste Wirtschaftsstandort im Mündungsbereich des Jangtsekiang. Besonders in der Textilindustrie und im Automobilbau ist Shanghai führend in China. Auch die chemische und pharmazeutische Industrie, die Stahlproduktion und der Maschinenbau sind bedeutend.
Diese Entwicklung wurde mit der Errichtung der Sonderwirtschaftszone Pudong beschleunigt. Heute ist Shanghai die größte und wirtschaftlich am besten entwickelte Stadt Chinas. Das jährliche Wirtschaftswachstum liegt seit Jahren mit über zehn Prozent an der Weltspitze.

Shanghai – Drachenkopf

Shanghai liegt an der Mündung des Jangtsekiang ins Ostchinesische Meer. Der größte Fluss Chinas, der auch als Drachen bezeichnet wird, bringt große Mengen an Sedimenten mit. Daher hat sich die Küstenlinie in den vergangenen Jahrhunderten immer weiter ins Meer vorgeschoben. Sowohl am Jangtsekiang als auch am Huangpu, einem Nebenfluss, der das Stadtgebiet durchzieht, entstanden zehn Hafenanlagen. Gemessen am Containerumschlag 2012 ist Shanghai die größte Hafenstadt der Welt. Hier wurden fast 33 Mio. TEU (Standardcontainer) umgeschlagen. (Vergleich: Rotterdam zwölf Millionen TEU).

M2 *Shanghai – wichtige Hafen- und Industriestadt*

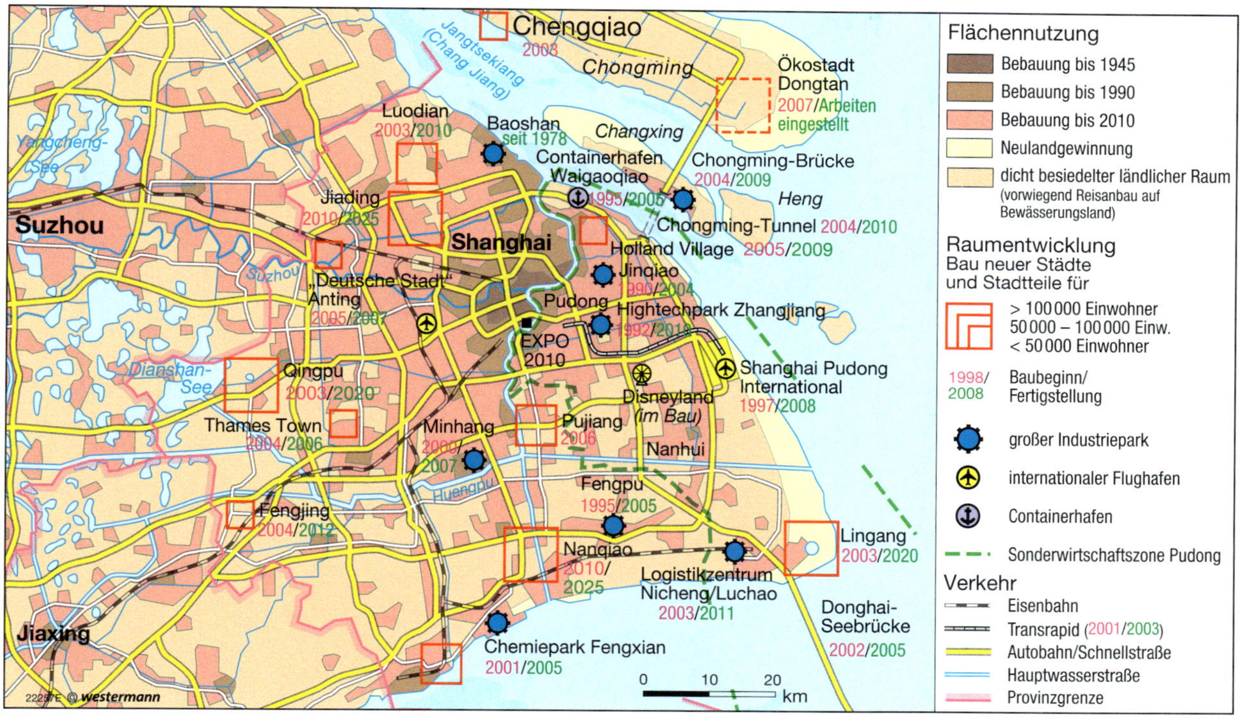

M3 *Shanghai*

Pudong

Pudong ist ein Stadtteil im ehemaligen Sumpfland von Shanghai. Hier wurden früher Reis und Gemüse angebaut. Erst mit dem Beschluss zur Errichtung einer Sonderwirtschaftszone begann 1990 die wirtschaftliche Entwicklung. Heute ist es ein Zentrum der Entwicklung von Bio-, IT- und Mikroelektroniktechnologien. Besonders der Hightechpark Zhangjiang hat sich dabei etabliert und wird immer öfter als Chinas Silicon Valley bezeichnet. Etwa 10 000 ausländische Firmen haben Niederlassungen in Pudong, darunter auch die Konzerne Volkswagen, Siemens, BASF und Bayer.

Verkehrswesen

Traditionell erfolgte der Transport von Gütern und Personen mit Booten und Schiffen auf den zahlreichen Wasserstraßen der Stadt. Mit der Entwicklung zum größten Wirtschaftsstandort wurde das Verkehrsnetz umfangreich ausgebaut. Es entstand ein System von zum Teil sechsspurigen Autobahnen, Ring- und Hochstraßen. Eine Vielzahl von Brücken wurde gebaut, zum Beispiel die Hangzhou Bay Bridge, mit 36 km eine der längsten Brücken der Welt. Seit 1995 gibt es in Shanghai eine Metro. Bis zum Jahr 2012 wurden bereits elf Linien eröffnet.

Neuer internationaler Flughafen Pudong

Mit der Entwicklung der Stadt konnte der Flughafen Hongqiao im Westen der Stadt nicht mehr mithalten. Deshalb wurde 1999 ein weiterer Flughafen eingeweiht. Er liegt etwa 30 km vom Stadtzentrum entfernt am Ufer des Jangtsekiang. Ein großer Teil dieser Strecke kann in etwa acht Minuten mit der Magnetschwebebahn Transrapid, Maglev genannt, zurückgelegt werden. Diese Bahn wurde in Zusammenarbeit mit den deutschen Firmen Siemens und Thyssen Krupp gebaut und 2004 eingeweiht. Die Höchstgeschwindigkeit des Transrapid beträgt 430 km/h.

M4 *Shanghai – Infrastruktur*

Aufgabe

3 a) Werte die thematische Karte M3 aus.
b) Beschreibe die Raumentwicklung in Shanghai.
c) „Shanghai ist eine sehr dynamisch wachsende Stadt."
Nimm Stellung zu dieser Aussage (M1 – M4).

Merke
Shanghai ist die wichtigste Stadt des Wirtschaftsraums an der Jangtsekiang-Mündung. Mit der Einrichtung einer Sonderwirtschaftszone im Stadtteil Pudong wurden besonders Hightech-Industrien entwickelt.

Japan – das Land der aufgehenden Sonne

Info

Flagge Japans

Das Weiß des Untergrundes steht für die Reinheit und die Aufrichtigkeit. Rot bedeutet Mut, Offenheit und Leidenschaft. Die rote Sonnenscheibe symbolisiert, dass sich die japanischen Kaiser als direkte Abkömmlinge der Sonnengöttin sehen.

M2 *Torii des Itsukushima-Schreins auf der Insel Miyajima*

Die japanische Schrift besteht aus den Silbenschriften Hiragana und Katakana mit je 46 Zeichen und vielen Zusatzzeichen.

Außerdem wurden noch über 2 000 Schriftzeichen aus dem Chinesischen übernommen, die Kanji.

Die Zeichentrickfilme (Anime) „Prinzessin Mononoke" oder „Chihiros Reise ins Zauberland" sind japanische Erfolgsproduktionen.

Der Shinkansen erreicht Geschwindigkeiten von mehr als 300 km/h.

In Japan werden im Monat durchschnittlich 73 Erdbeben der Stärke 4 oder höher registriert.

Karaoke, das Interpretieren von Musiktiteln, wurde von einem Japaner erfunden.

M1 *Wusstest du schon?*

Aufgaben

1 a) Beschreibe die geographische Lage Japans (Atlas).
b) Miss die Nord-Süd-Ausdehnung und die West-Ost-Ausdehnung (M3, Atlas).
c) Vergleiche die Ausmaße mit denen Europas (Atlas).

2 Bearbeite die Übungskarte M3.

Info

Steckbrief Japan

Einwohner:	127 Mio. (2013)
Fläche:	378 000 km²
Gliederung:	47 Präfekturen
Hauptstadt:	Tokio (Tōkyō)
Währung:	Yen (¥)

Traditionelles und modernes Japan

In nahezu jedem deutschen Haushalt befinden sich Produkte „Made in Japan" – sei es das Auto, der Fernseher, die Spielekonsole oder der Taschenrechner. Wir kennen Sushi, Karate und Bonsai. Auch wenn die großen japanischen Städte sich immer weniger von westlichen Städten unterscheiden, die Traditionen in Japan werden nach wie vor stark gelebt. Es ist nicht verwunderlich, dass es in modernen Bürogebäuden Räume für Teezeremonien gibt und dass sich Manager, Unternehmer oder sogar Regierungschefs in der Kunst des Schwertkampfes oder des Bogenschießens üben.

Inselstaat Japan

Japan ist ein Inselstaat in Ostasien. Mehr als 6 800 Inseln erstrecken sich auf einer Länge von etwa 2 600 km. Die vier Hauptinseln sind Hokkaido, Honshu, Shikoku und Kyushu. Kein Ort in Japan ist weiter als 120 km vom Meer entfernt. Die Hauptballungsgebiete liegen in den Ebenen, die nur etwa ein Fünftel des Landes ausmachen.

HW-108 www.heimatundwelt.de

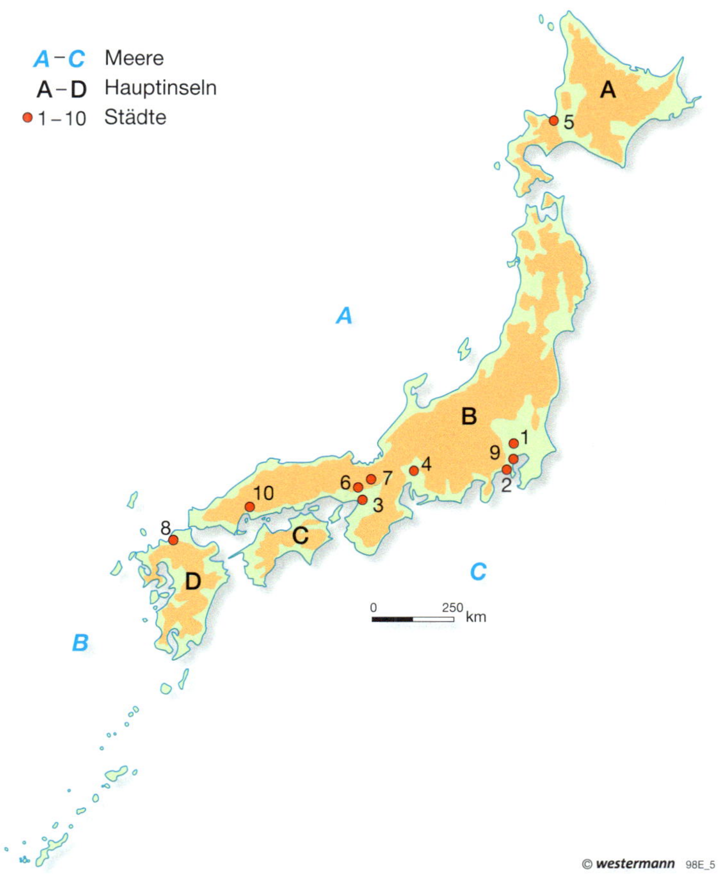

M3 *Japan – Übungskarte*

M5 *Sakura*

Aufgaben

3 a) Nenne Merkmale des japanischen Naturraums.
b) Finde weitere Wechselbeziehungen und beschreibe sie (M4).

4 a) Bestimme die geographische Breite von Sapporo, Tokio, Kyoto und Fukuoka.
b) Finde Städte in Europa, die auf gleicher Breite liegen.
c) Nenne für alle Städte die Klimazone und vergleiche sie (Atlas).

5 Begründe die großen klimatischen Unterschiede in Japan (M3, M4, Atlas).

6 Sakura – Kirschblüte. Recherchiere, welche symbolische Bedeutung diese Blüte für die japanische Bevölkerung hat (M5, Internet).

Komponente Klima
- sehr großes Temperaturgefälle von Süd nach Nord
- gemäßigte Klimazone mit langen, kalten Wintern im Norden
- subtropisches Klima im Süden
- außertropischer Monsun
- Taifune möglich
- häufiger Starkregen

Komponente Wasserhaushalt
- relativ kurze Flüsse mit großem Gefälle
- längster Fluss: Tonegawa nur 332 km

Komponente Relief
- Etwa 80 Prozent des Landes sind gebirgig.
- Mehr als 580 Berge sind über 2 000 m hoch.
- höchster Berg: Fujisan 3 776 m, ein Vulkan
- Weitere bedeutende Vulkane sind Aso, Sakurajima und Nasu.

Komponente geologischer Bau
- Zusammentreffen der Pazifischen, Philippinischen und Chinesischen Platte vor Japan
- Japangraben als Folge des Abtauchens der ozeanischen Platte
- häufig Erdbeben, Vulkanismus
- Gefahr von Tsunamis
- Gefahr von Erdrutschen

M4 *Japan – Naturraum*

Merke
Japan ist ein Inselstaat in Ostasien, in dem traditionelle und moderne Lebensweisen aufeinandertreffen. Große Teile des Landes werden von Gebirgen eingenommen. Die Hauptballungsgebiete liegen in den Ebenen. Wegen der großen Nord-Süd-Ausdehnung gibt es große klimatische Unterschiede.

Wirtschaftsmacht Japan

Naturkatastrophen

- häufig große Schäden durch Stürme, Erdbeben u. a.
- hohe Kosten zur Vermeidung und Beseitigung der Schäden, z.B. Seismografennetz, sichere Bauweisen, Ausbildung der Bevölkerung

Insellage

- hohe Kosten für Verkehrsinfrastruktur, besonders für die Verbindung zwischen den Inseln durch Brücken und Tunnel

Rohstoffarmut

- teure Rohstoffimporte notwendig
- sparsamer Umgang mit Rohstoffen

Raumenge

- extrem hohe Bevölkerungsdichte in den Ballungsgebieten
- hohe Grundstückspreise
- Neulandgewinnung

M1 *Ungünstige Bedingungen für Japans Wirtschaft*

Bruttoinlandsprodukt (BIP)
4901 Mrd. US-Dollar (2013)

BIP je Einwohner
38491 US-Dollar (2013)

Wirtschaftswachstum
Veränderung des BIP in Prozent

2011	-0,5
2012	+1,4
2013	+1,5
2014	+1,4

M2 *Wirtschaftsdaten Japans*

Die japanische Wirtschaft

Trotz der natürlichen Ungunst ist Japan ein Land mit großer Wirtschaftsleistung. Besonders die Raumenge stellt ein großes Problem dar. Eine mögliche Lösung ist die Gewinnung von Neuland durch Aufschüttungen in küstennahen Meeresbereichen. Vor allem Industriebetriebe und Flughäfen werden dann auf diesen Flächen angesiedelt. Dadurch entstehen verkehrsgünstige Standorte an der Küste. Viele Betriebe verfügen über eigene Hafenanlagen. So erhalten sie importierte Rohstoffe direkt vom Schiff und können ihre Produkte für den Export auf ebenso kurzem Weg zum Schiff transportieren.

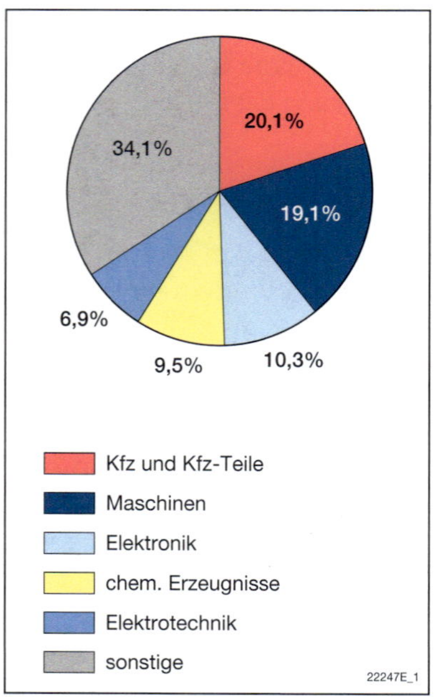

M3 *Japans Ausfuhrgüter (2012)*

M4 *Industrieansiedlung auf Neuland bei Kobe (Hintergrund)*

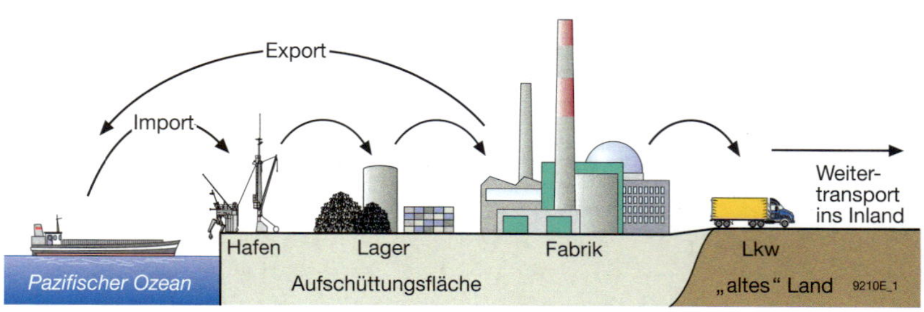

M5 *Japans neue Küste – bevorzugter Industriestandort*

Olympische Spiele 2020

Die 32. Olympischen Spiele werden im Sommer 2020 in Tokio stattfinden. Gründe für die Entscheidung für Tokio waren sowohl die vorhandenen finanziellen Mittel als auch der gut funktionierende Nahverkehr und die hohe Sicherheit. „Japaner sind Weltmeister des Nahverkehrs. Über die Aufgabe, in olympischen Spitzenzeiten 500 000 Gäste von A nach B zu bewegen, lächeln sie nur. Diesen Job erledigen sie im Großraum Tokio alle halbe Stunde."

Weinreich, J. (2013): Zuschlag für Olympia: Tokio siegt mit Geld und Charme. www.spiegel.de/sport/sonst/olympische-sommerspiele-2020-in-tokio.html (Stand 15.10.2014)

M6 *Olympische Spiele in Tokio*

Geheimnisse des wirtschaftlichen Erfolgs Japans

Duale Wirtschaftsstruktur

- kleiner Kern von leistungsstarken Großunternehmen
- Zahllose kleine und mittelgroße Unternehmen kooperieren mit den Großunternehmen.

Weitere Vorteile

- Einsatz von Robotern und neuesten Technologien
- zum Teil hohe Zölle für ausländische Waren
- Innovation bei der Entwicklung von Produkten
- gutes Schulwesen, Fleiß, Disziplin, Pflichttreue

Japanische Firmen nach Markenwert weltweit (2013)					
Automobilbranche		Elektronik		Top 100 Marken	
Rang	Marke	Rang	Marke	Rang	Marke
1	Toyota	1	Canon	10	Toyota
2	Honda	3	Sony	20	Honda
3	Nissan	5	Nintendo	35	Canon
		6	Panasonic	46	Sony
				65	Nissan
				67	Nintendo

Firma als „Familie"

- In großen Firmen bilden Management und Belegschaft trotz strenger Hierarchie eine Einheit.
- Die Mitarbeiter werden in der Firma ausgebildet.
- Führungspositionen werden fast ausschließlich durch eigene Mitarbeiter besetzt.
- Die Angestellten haben eine hohe Beschäftigungssicherheit, sind hoch motiviert und verfügen so über einen hohen Leistungswillen.

M7 *Produktionsstrategien Japans*

Aufgaben

1 Wähle eines der folgenden Themen und bereite einen Kurzvortrag vor. Recherchiere (Internet).
- Schule in Japan
- Mangas und Anime
- Neulandgewinnung

2 Werte die Wirtschaftsdaten und das Diagramm M3 aus und vergleiche mit Deutschland (M2, Anhang, Internet).

3 Erkläre, wie Japan die großen Wirtschaftsleistungen trotz der natürlichen Ungunst erreichen kann (M1, M4–M7).

Merke
Japan ist eine hochtechnologisierte, global agierende Wirtschaftsmacht. Rohstoffarmut, Bedrohung durch Naturkatastrophen und Raumenge sind Beispiele für Japans natürliche Ungunst.

Toyota – ein Global Player

Aufgaben

1 Ordne den zehn größten Global Playern jeweils die Branche zu und gib den Staat an, in dem der Hauptsitz des Unternehmens ist (M2, Internet).

2 a) Benenne Staaten, in denen Tochterunternehmen von Toyota existieren (M1, Internet).
b) Recherchiere, welche Produkte dort jeweils hergestellt werden (M1, Atlas, Internet).

3* „Der Global Player Toyota hat eine vielfältige Produktpalette." Erkläre, welche Vorteile sich daraus ergeben (M3 – M7).

Global Player

Als **Global Player** – „globaler Spieler“ – wird ein Unternehmen bezeichnet, das über die Staatsgrenzen seines Landes hinaus weltweit tätig ist. Mindestens ein Tochterunternehmen ist im Ausland angesiedelt. Global Player haben riesige Umsätze und oft eine breite Produktpalette. So ist es ihnen möglich, effektiver als ein lokales Unternehmen zu arbeiten und Marktschwankungen auszugleichen. Die Finanzkraft mancher Global Player ist inzwischen größer als die einzelner Staaten.

Rang	Konzern	Umsatz in Mrd. US-Dollar	Rang	Konzern	Umsatz in Mrd. US-Dollar
1	Royal Dutch Shell	467	6	Volkswagen	247
2	Walmart	447	7	Mitsubishi	243
3	Exxon Mobil	421	8	Total	234
4	BP	376	9	Chevron	222
5	Toyota	266	10	E.ON AG	169

M2 *Die größten Global Player 2012*

Toyota

Das japanische Unternehmen Toyota, ein Global Player, ist der größte Automobilhersteller der Welt. Aber nicht nur Autos werden produziert, sondern auch Fertighäuser, Roboter, Boote oder elektronische Geräte. Der Konzern hat weltweit mehr als 500 Tochterunternehmen. Neben den zwölf Werken in Japan produziert Toyota an über 50 Standorten in 27 Ländern.

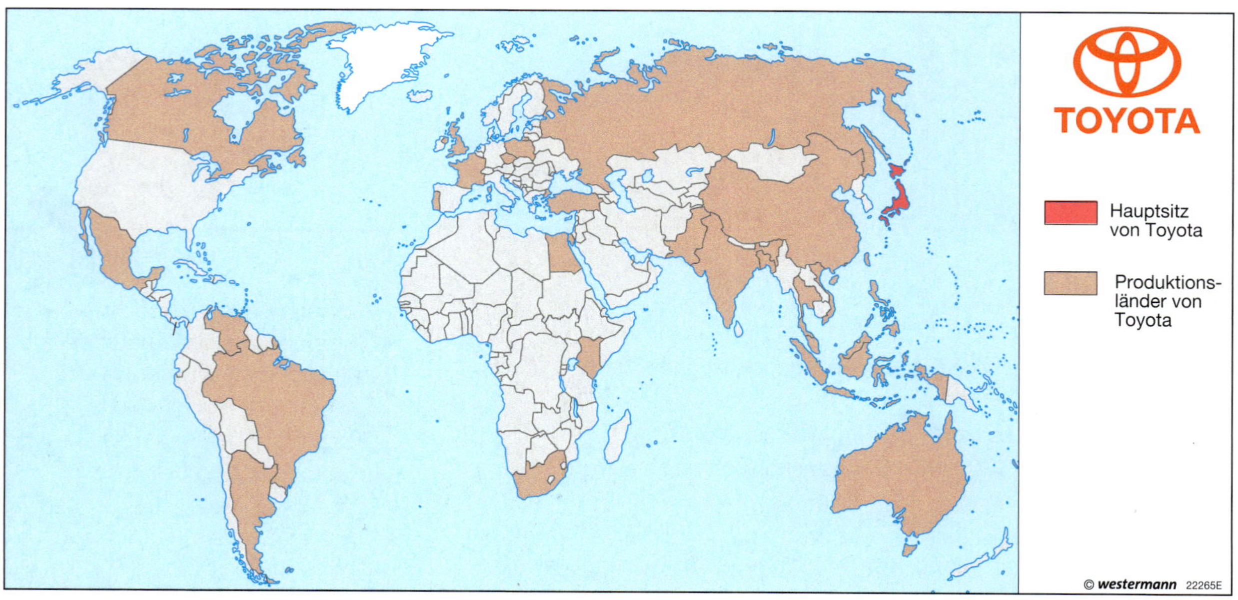

M1 *Länder, in denen für Toyota produziert wird*

HW-210
www.heimatundwelt.de

Toyota – führend in der Hybrid-Technologie

Toyota ist das zurzeit drittgrößte börsennotierte Unternehmen der Welt. Im Jahr 2012 wurden 9,75 Mio. Fahrzeuge in mehr als 160 Ländern verkauft.
In der Hybrid-Technologie ist Toyota führend. Dabei sind Elektro- und Verbrennungsmotor so kombiniert, dass diese beiden Antriebe getrennt voneinander und auch gemeinsam genutzt werden können, um eine maximale Leistung zu erzielen. Der CO_2-Ausstoß und der Kraftstoffverbrauch sind geringer.

M6 *Yaris Hybrid von Toyota*

Toyota entwickelt Assistenz-Roboter

Der Roboter, ein nützlicher Haushaltshelfer für ältere oder behinderte Menschen, wird über die Stimme oder mit dem Tablet-PC gesteuert. Er ist sehr flexibel, kann sich um 360° drehen und Gegenstände erkennen, greifen und tragen. Damit ist er in der Lage, Menschen in Alltagssituationen zu unterstützen. Es sollen weitere Funktionen hinzukommen. Dazu forscht Toyota gemeinsam mit Universitäten und Spezialisten aus dem Pflege- und Gesundheitsbereich.

M3 *Robotik*

Toyota Roboter reist zur ISS

Am 4. August 2013 startete vom größten Weltraumbahnhof Japans, vom Tanegashima Space Centre, der von Toyota mitentwickelte Roboter Kirobo zur Internationalen Raumstation ISS. Der sprechende Roboter wurde von der Universität Tokio, der Robo Garage Co. und Toyota entwickelt. Toyota beteiligte sich mit der Spracherkennungssoftware am Projekt. Kirobos Aufgabe ist es, den Astronauten Gesellschaft zu leisten und Daten zu sammeln.

M4 *Softwareforschung*

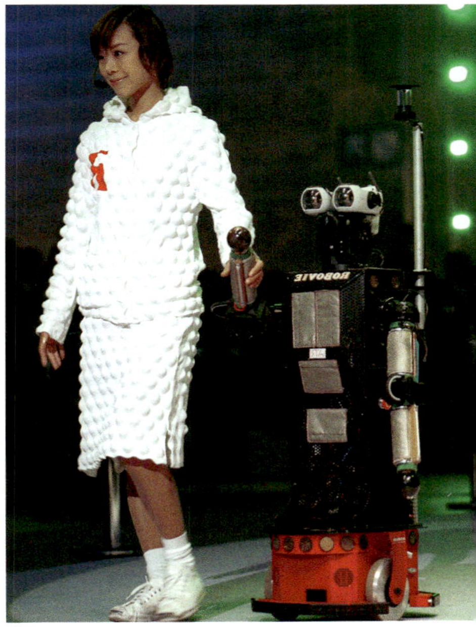

M7 *Toyota – Assistenz-Roboter*

M5 *Ein Roboter für die Internationale Raumstation ISS*

Merke
Toyota ist ein japanischer Automobilbauer und ein Beispiel für einen Global Player. Das Unternehmen hat Standorte in 27 weiteren Ländern.

Grundbegriff
Global Player

Indien – vom Taj Mahal bis Bollywood

Info

Flagge Indiens

Die Farbe Safran steht für Mut und Opfer, Weiß für Frieden und Vertrauen, Grün für Treue und Ritterlichkeit. Im weißen Feld befindet sich das „Rad der Lehre" (Tschakra), ein religiöses Symbol.

M2 *Taj Mahal*

Neben Brahma, Vishnu, Krishna und Shiva gibt es noch viele weitere Götter im Hinduismus.

Der Sari ist ein indisches Kleidungsstück für Frauen und besteht aus bis zu neun Meter Stoff.

Heute gibt es nur noch etwa 2 500 Bengalische Tiger.

In Bollywood werden jährlich doppelt so viele Filme produziert wie in Hollywood.

Die Menschen bewerfen sich beim Holi, dem Frühlingsfest, mit Farbpulver.

Indien war bis zum 15. August 1947 britische Kolonie.

M1 *Wusstest du schon?*

Aufgabe

1 a) Beschreibe die geographische Lage Indiens (Atlas).
b) Miss die Nord-Süd-Ausdehnung und die West-Ost-Ausdehnung (M3, Atlas).
c) Vergleiche die Ausmaße mit denen Europas (Atlas).

Indien

Indien, ein Staat in Südasien, wird im Norden vom Himalaya begrenzt. Die Küstenlinie am Indischen Ozean beträgt rund 7 000 km. Buddhismus und Hinduismus sind seit Jahrhunderten maßgebliche Religionen. Nachdem Vasco da Gama 1498 den Seeweg von Europa nach Indien entdeckt hatte, begannen die europäischen Staaten ihren Einfluss in Indien zu verstärken. Von 1756 bis 1947 war Indien britische Kolonie. Der gewaltfreie Widerstand unter Mahatma Gandhi und Jawaharlal Nehru führte zur Unabhängigkeit des Landes. Aus der ehemals britischen Kolonie entstanden die Staaten Indien und Pakistan. In Indien werden heute mehr als 400 Sprachen gesprochen. Überregionale Amtssprachen sind Hindi und Englisch.

Info

Steckbrief Indien

Einwohner:	1,25 Mrd. (2013)
Fläche:	3 287 000 km² siebtgrößter Staat
Gliederung:	28 Bundesstaaten und sieben Unionsterritorien
Hauptstadt:	Neu-Delhi
Währung:	Rupie

Indien – Land der Gegensätze

Es gibt sehr gut ausgebildete Ingenieure, aber auch eine sehr große Zahl von Analphabeten. Die Mehrheit der indischen Kinder erreicht keinen Schulabschluss. In Indien ist Kinderarbeit weit verbreitet. Auf der Liste der weltweiten Super-Milliardäre findet man vier Inder auf den ersten zehn Plätzen, aber die Armut in der indischen Bevölkerung ist sehr groß.

HW-110
www.heimatundwelt.de

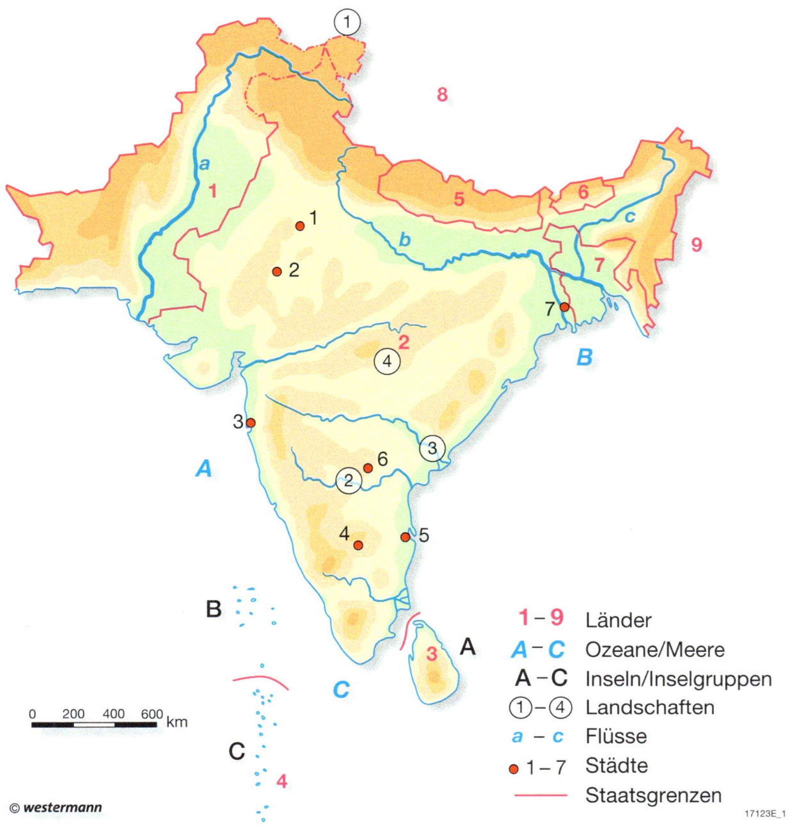

M3 *Südasien – Übungskarte*

M5 *Bengalischer Tiger im Bannerghatta Nationalpark nahe Bengaluru*

Komponente Klima

- vorwiegend subtropisches Klima
- im Süden und in Küstengebieten tropisches Klima
- Sommermonsun: ergiebige Niederschläge, sehr ungleichmäßig verteilt
- Wintermonsun: kaum Niederschlag (Dürre)

Komponente Wasserhaushalt

- wasserreiche Flüsse, besonders zur Zeit des Sommermonsuns
- oft Überschwemmungen
- längster Fluss: Ganges 2 511 km

Komponente Relief

- im Norden Himalaya mit den höchsten Gipfeln der Erde
- riesige Aufschüttungsebenen des Ganges und Brahmaputra
- Den größten Teil der Halbinsel nimmt das Hochland von Dekkan ein.
- an den Küsten die Ost- und Westghats

Komponente geologischer Bau

- Die Indisch-Australische Platte driftete gegen den Süden der Eurasischen Platte.
- Durch die Kollision bildeten sich das Himalayagebirge und das Hochland von Tibet sowie die benachbarten Gebirgssysteme.

M4 *Indien – Naturraum*

Aufgaben

2 Bearbeite die Übungskarte M3.

3 a) Nenne Merkmale des indischen Naturraums.
b) Finde weitere Wechselbeziehungen und begründe sie (M4).

4 Recherchiere Fakten zum Lebensraum und den Lebensbedingungen des Bengalischen Tigers und berichte deinen Mitschülern (Internet, M5).

Merke
Indien ist ein Land in Südasien mit langer Geschichte und starken Gegensätzen. Es steht vor der Aufgabe, zahlreiche Probleme der Gegenwart zu lösen.

Aufstrebende Wirtschaftsmacht Indien

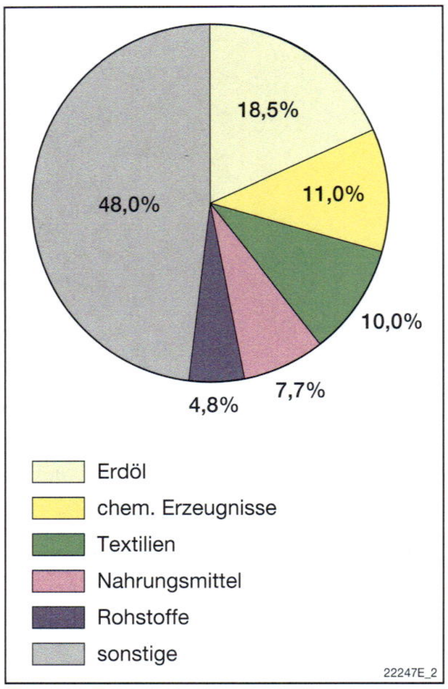

M1 *Indiens Ausfuhrgüter (2011)*

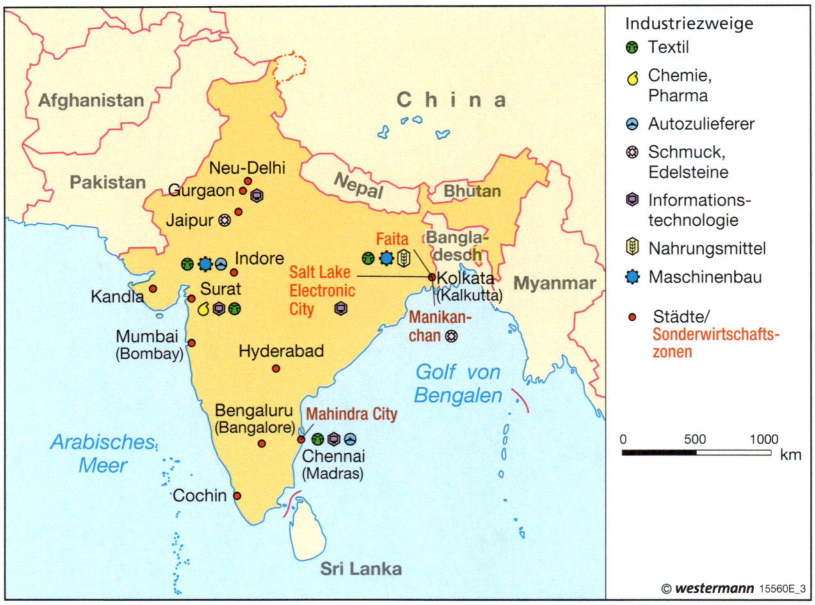

M3 *Indiens Sonderwirtschaftszonen*

Aufgaben

1 Wähle eines der folgenden Themen und bereite einen Kurzvortrag vor. Recherchiere (Internet).
- Schule in Indien
- Mumbai
- Gewürze aus Indien

2 Werte die Wirtschaftsdaten und das Diagramm M1 aus und vergleiche mit Deutschland (M2, Anhang, Internet).

Bruttoinlandsprodukt (BIP)
1 870 Mrd. US-Dollar (2013)

BIP je Einwohner
1 504 US-Dollar (2013)

Wirtschaftswachstum
Veränderung des BIP in Prozent

2011	+6,6
2012	+4,7
2013	+4,4
2014	+5,4

M2 *Wirtschaftsdaten Indiens*

Die industrielle Entwicklung

Indien ist eine der am stärksten wachsenden Volkswirtschaften der Welt, obwohl sich in den letzten Jahren das Wirtschaftswachstum verlangsamt hat. Zugpferd der industriellen Entwicklung ist die Softwareentwicklung und -anwendung. Aber auch in Bereichen wie Biotechnologie, Raumfahrttechnik und der Nanotechnologie hat Indien Weltniveau erreicht.

Indiens Sonderwirtschaftszonen

Eine Möglichkeit der Entwicklung der verarbeitenden Industrie stellt die Einrichtung von **Sonderwirtschaftszonen** dar. Das sind staatlich ausgewiesene Gebiete, die wirtschaftlich besonders gefördert werden. Es werden keine Zölle erhoben und Steuervergünstigungen gewährt.
In Indien gibt es zahlreiche Sonderwirtschaftszonen. Der Branchenschwerpunkt der Sonderwirtschaftszone Salt Lake Electronic City in Kolkata (früher Kalkutta) ist zum Beispiel die Informationstechnologie, der Schwerpunkt in Jaipur ist die Schmuck- und Edelsteinindustrie.

Info

Arbeiten im informellen Sektor

Gegenwärtig sind nur etwa sieben Prozent aller Beschäftigten in Indien in einem vertraglich geregelten Arbeitsverhältnis. Das heißt, 93 Prozent arbeiten im sogenannten informellen Sektor: Sie verfügen weder über Kranken- oder Arbeitslosenversicherung, noch haben sie einen Arbeitsvertrag oder einen Anspruch auf soziale Leistungen und Altersversorgung.

HW-116
www.heimatundwelt.de

M4 *Straßenszene in Mumbai*

Sonderwirtschaftszone Mumbai

Mumbai (früher Bombay) ist die größte Stadt Indiens. Hier befindet sich die Santacruz Electronics Export Processing Zone (SEEPZ). Die Schwerpunkte dieser Sonderwirtschaftszone sind die Informationstechnologie und die Schmuckindustrie. Mehr als 40 Prozent des aus Indien exportierten Schmucks kommt aus dieser Zone. Es werden keine Steuern oder Zölle erhoben. Sie ist eine Freihandelszone.

Auch außerhalb der Sonderwirtschaftszone verfügt Mumbai über eine vielseitige Industrie, zum Beispiel Maschinenbau, chemische Industrie und Textilindustrie.

Die Stadt ist das Finanzzentrum des Landes, hier befindet sich die Bombay Stock Exchange, die älteste Börse Asiens.

Mumbai ist außerdem Indiens Handels- und Modezentrum. In den ansässigen Filmstudios werden weltweit die meisten Filme produziert.

Die Stadt hat sich besonders als Dienstleistungsmetropole entwickelt. Das Stadtbild wird geprägt von Bürohochhäusern, Wolkenkratzern, Einkaufszentren und Restaurants.

Auch im Bildungsbereich ist Mumbai führend. Hier gibt es über tausend staatliche Bildungseinrichtungen. Von besonderer Bedeutung sind die University of Mumbai und das Indian Institute of Technology.

Mumbai ist heute Standort sowohl zahlreicher indischer Konzerne als auch ausländischer Firmen. Besonders Finanzinstitute und Telekommunikationsunternehmen aus aller Welt haben ihren Sitz in dieser Metropole.

Aufgaben

3 Erläutere die Vorteile von Sonderwirtschaftszonen in Indien (M3).

4 Nenne Vor- und Nachteile des informellen Sektors.

5 Fertige eine Tabelle an und trage fünf Sonderwirtschaftszonen Indiens ein (M3, Internet, Atlas). Nenne jeweils: Name der Sonderwirtschaftszone, Standort, Bundesstaat, Branchenschwerpunkt.

Merke
Indien gehört zu den am stärksten wachsenden Volkswirtschaften der Welt.
Die Sonderwirtschaftszonen sollen vor allem ausländische Investoren anlocken und die indische Wirtschaft weiter stärken.

Grundbegriff
Sonderwirtschaftszone

M1 *Bagmane Tech Park in Bengaluru*

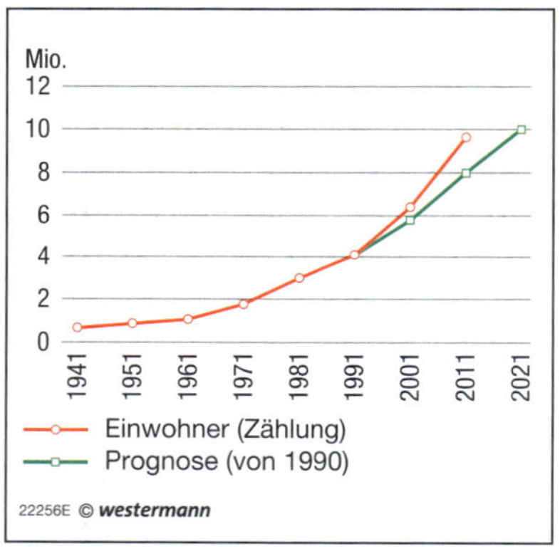

M2 *Einwohnerentwicklung Bengalurus*

Bengaluru – das Silicon Valley Indiens

Bengaluru (Bangalore) ist die fünftgrößte Stadt Indiens und hat in den letzten Jahren eine rasante Entwicklung genommen. Die Metropole wird als das Silicon Valley Indiens bezeichnet. Hier arbeiten rund ein Drittel aller IT-Fachkräfte Indiens.
Große internationale Unternehmen wie Microsoft, Siemens, Samsung, IBM oder Intel haben sich hier niedergelassen, vor allem wegen der gut ausgebildeten und billigen Arbeitskräfte. Die Sonderwirtschaftszone, Electronics City, ist Standort für Unternehmen und Forschungseinrichtungen.

Biotechnologiestandort

Etwa die Hälfte der indischen Biotechnologiefirmen hat ihren Unternehmenssitz in Bengaluru. Auch das größte indische Unternehmen dieser Branche, BIOCON, ist hier ansässig. Dieses Unternehmen stellt unter anderem Medikamente gegen Krebs her. Im Biocon-Park existiert eine Sonderwirtschaftszone.

Standort der Luft- und Raumfahrttechnik

Die Metropole Bengaluru ist auch Standort des wichtigen Luft- und Raumfahrtunternehmens Hindustan Aeronautics Limited. Außerdem hat die indische Raumfahrtbehörde hier ihren Sitz. Internationale Unternehmen wie Boeing und Airbus haben Niederlassungen in Bengaluru. In der Nähe des neuen Flughafens soll in den nächsten Jahren ein Aerospace-Park entstehen mit über 2 000 Arbeitsplätzen in einer neuen Sonderwirtschaftszone.

Info

Bengaluru

Einwohner: 8,4 Mio. (2011)
Hauptstadt des Bundesstaates Karnataka

Lage
- im Hochland von Dekkan
- ca. 900 m ü. M.

Klima
- Monsunregen Mai bis Oktober
- $T_{max.}$ durchschnittlich 29,3 °C
- $T_{min.}$ durchschnittlich 18,6 °C

HW-116 www.heimatundwelt.de

M3 *Eine Alltagsszene*

Bengaluru – das Gehirn Indiens

Bengaluru ist eines der wichtigsten Bildungs- und Forschungszentren in Indien. Konzerne wie Siemens Information, Oracle oder Bosch haben hier Forschungseinrichtungen. In Bengaluru gibt es drei Universitäten, 14 Ingenieurschulen und 47 Fachschulen. Sie bilden hoch qualifizierte Fachkräfte aus.

Indische Dienstleistungen für die Welt

Wer in den USA telefonische Dienstleistungen, wie zum Beispiel für Bestellungen oder Reservierungen, in Anspruch nimmt, wird mit hoher Wahrscheinlichkeit mit einem indischen Callcenter verbunden. Sehr gut ausgebildete Arbeitskräfte übernehmen Kundenbetreuung, Buchhaltung und Datenmanagement ausländischer Unternehmen. Insbesondere englischsprachige Firmen verlagern Aufgabenbereiche an Dienstleistungsunternehmen in Indien, um Lohnkosten zu sparen. Diese Unternehmensstrategie wird als **Outsourcing** bezeichnet.

Probleme der Stadt

Aufgrund des enormen Wachstums von Industrie und Dienstleistungen gibt es Probleme, vor allem mit der Infrastruktur. Deren Entwicklung erfolgte nicht im gleichen Tempo wie die Wirtschaftsentwicklung. So sind Straßen außerhalb der Sonderwirtschaftszonen in einem relativ schlechten Zustand, ein unterirdisches Kanalsystem fehlt und die Müllentsorgung ist unzureichend organisiert. Viele Brücken sind baufällig. Es gibt häufig Staus und die Luftverschmutzung ist groß. Oft kommt es zu Stromausfällen.

Aufgaben

1 Erkläre die Standortvorteile von Bengaluru für die indische Wirtschaft und die Niederlassungen ausländischer Unternehmen.

2 Übersetze und erkläre die dargestellte Alltagsszene (M3).

3 Erläutere die Unternehmensstrategie Outsourcing und nenne dir bekannte Beispiele.

4 Beschreibe die Bevölkerungsentwicklung in Bengaluru (M2).

Merke
Bengaluru ist ein Zentrum der IT-Industrie, der Luft- und Raumfahrttechnik und der Biotechnologie Indiens. Bedeutende in- und ausländische Unternehmen sowie Bildungs- und Forschungseinrichtungen sind hier ansässig.

Grundbegriff
Outsourcing

Alles klar?

Beispiele der Raumnutzung Asiens

Bewerte dich selbst nach den Ampelfarben!

Markiere nach der Lösung jede Aufgabe in deinem Heft mit einem Punkt in der entsprechenden Farbe.

Die Aufgabe konnte ich

- nicht lösen. Das muss ich noch üben.
- mit Hilfen lösen.
- ohne Hilfen lösen.

1. Bist du ein Asienexperte?

a) Finde den Außenseiter. Begründe deine Entscheidung.

I Reis – hohe Temperaturen – anspruchsvolle Böden – große Niederschlagsmengen

II Schutz vor Hochwasser – Erzeugung von Elektroenergie – Assuan-Staudamm – Verbesserung der Schifffahrt

III Fischfang eingestellt – Aralsee verlandet – neue Arbeitsplätze – Krankheiten

IV Produktionsstandorte nur im eigenen Land – Global Player – Toyota – Belieferung des Weltmarktes

V Indien – Bengaluru – Silicon Valley Indiens – Maschinenbau

b) Nenne einen weiteren Begriff, der in die jeweilige Reihe passt.

c) Entwickle eine eigene Reihe zum Thema.

2. China? Indien? Japan?

Mit einem der Staaten China, Indien oder Japan hast du dich intensiver beschäftigt.

a) Fertige eine Mindmap mit folgenden Schwerpunkten an:

- Allgemeines
- Lage
- Besonderheiten des Staates
- Naturraum
- Wirtschaft.

b) Gestalte mit der Mindmap einen Kurzvortrag.

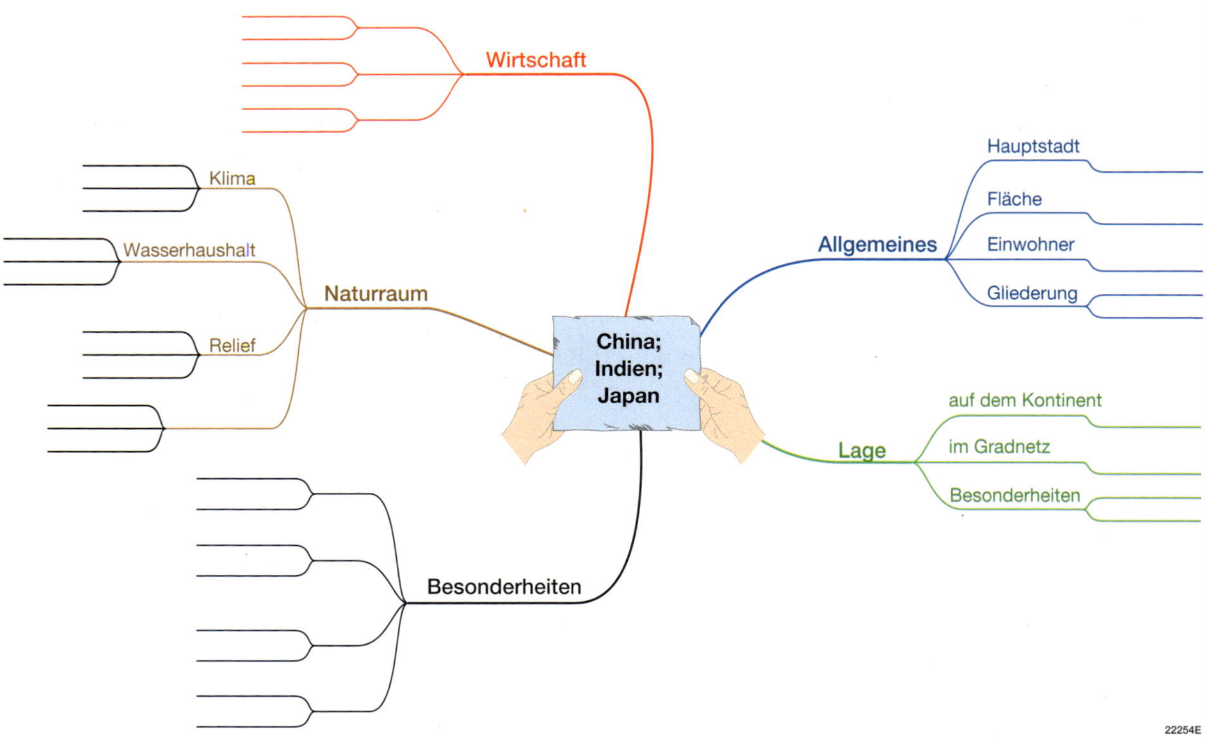

3. Wahrheit oder Lüge?

a) Jede Aufgabe enthält nur eine richtige Lösung. Es ergibt sich ein Lösungswort. Notiere es in deinem Hefter.

I Der Drei-Schluchten-Staudamm wurde errichtet
- zum Schutz vor Überschwemmungen. (A) • zur Naherholung. (I)

II Durch den Bau des Drei-Schluchten-Staudamms ging
- sauberes Wasser verloren. (S) • fruchtbares Ackerland verloren. (R)

III Der Drei-Schluchten-Staudamm entstand am
- Huang He. (T) • Jangtsekiang. (A)

IV Reis ist das Hauptnahrungsmittel
- Asiens. (L) • Afrikas. (S)

V Trockenreis wird
- auf überfluteten Schwemmländern angebaut. (T)
- in Bergen bei entsprechenden Niederschlägen angebaut. (S)

VI Ideale Anbaubedingungen für Reis gibt es
- in den Subtropen und Tropen. (E) • in der gemäßigten Klimazone. (U)

VII Der Aralsee schrumpft wegen des
- intensiven Kaffeeanbaus. (D) • intensiven Baumwollanbaus. (E)

b) Schreibe einen Bericht zum Lösungswort.

5.* Reis und Nudeln in China

Schreibe den Text ab und vervollständige den Lückentext mithilfe des Atlas.

Entlang des Jangtsekiang verläuft die Reis-Nudel-Grenze. Dadurch lässt sich China kulinarisch folgendermaßen aufteilen:

Der Norden lebt von ___________, der Süden vom __________. Das bedeutet, dass im nördlichen China der __________anbau vorherrscht und im südlichen China der __________anbau.

4. Ein verkehrtes Kreuzworträtsel?

Ja, das Kreuzworträtsel ist verdreht. Du sollst die Aufgabenstellungen zur Lösung herausfinden.

Zum Beispiel 1:
Diese Stadt ist der wichtigste Wirtschaftsstandort im Mündungsbereich des Jangtsekiang.

Waagerecht:
2. ...
3. ...
8. ...
9. ...
10. ...

Senkrecht:
4. ...
5. ...
6. ...
7. ...

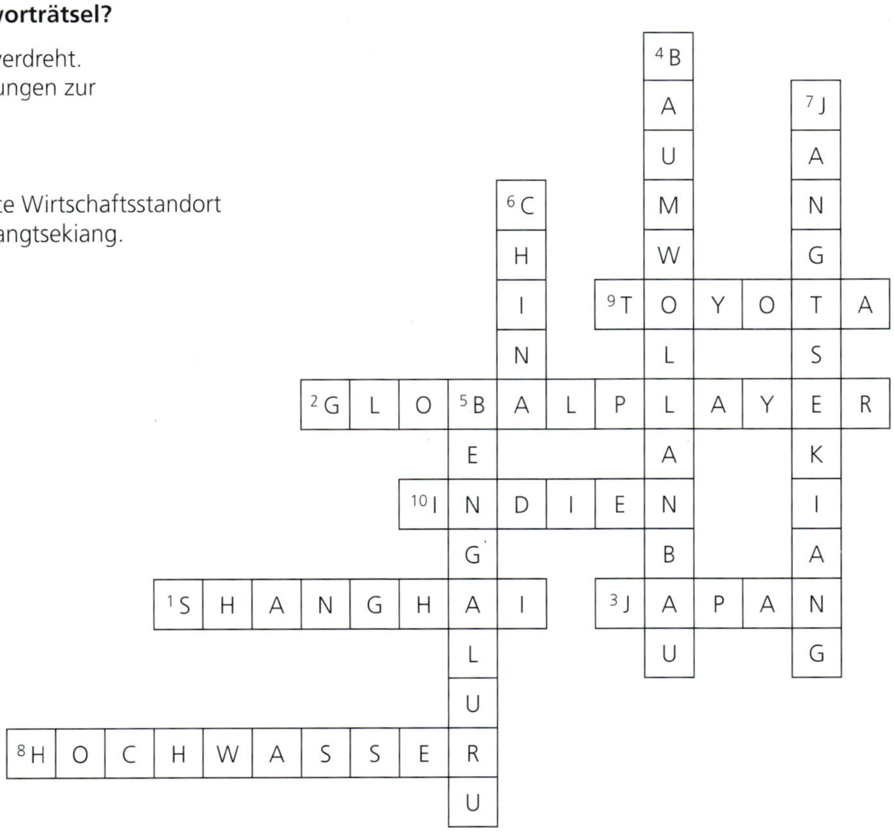

Leben in einer Welt

M1 *Gegensätze innerhalb einer indischen Großstadt*

Industrieländer und Entwicklungsländer

Info

HDI – Human Development Index

Der Entwicklungsstand eines Landes wird unter anderem mithilfe des HDI-Wertes bestimmt. Der HDI beinhaltet:
- die Lebenserwartung bei Geburt
- die durchschnittliche Anzahl besuchter Schuljahre (Erwachsene) sowie die voraussichtliche Schulbesuchsdauer in Jahren von 5-Jährigen.
- das Bruttonationaleinkommen (BNE) pro Kopf.

Die HDI-Werte liegen zwischen Null und Eins, wobei eine Eins der beste und Null der schlechteste Wert ist.

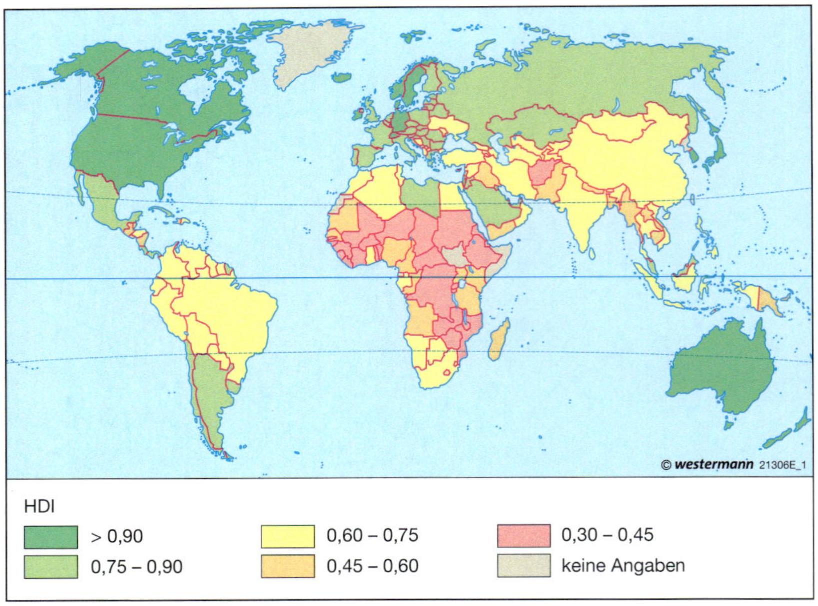

M2 *Entwicklungsstand der Erde nach dem HDI (2013)*

Aufgaben

1 Beschreibe die Gegensätze auf den Fotos (M4 und S. 84).

2 Finde zu jedem Kontinent je zwei
a) hoch entwickelte
b) gering entwickelte
Staaten (M2, Atlas).

3 Erläutere Unterschiede zwischen Industrie- und Entwicklungsländern (M1 – M4).

Unterschiedliche Lebensbedingungen

Die Lebensbedingungen sind in den Staaten der Erde sehr verschieden. Die enormen Unterschiede sind vor allem auf den Stand der wirtschaftlichen Entwicklung jedes einzelnen Landes zurückzuführen. Dieser wird mithilfe des Bruttoinlandsprodukts (BIP) ermittelt. In den hoch entwickelten Staaten, allgemein **Industrieländer** genannt, sind die Grundbedürfnisse wie ausreichend Trinkwasser, Nahrung, Kleidung, Bildung, medizinische Versorgung und menschenwürdiges Wohnen für den überwiegenden Teil der Bevölkerung erfüllt. Arbeitsteilung, Mechanisierung und Automatisierung in Industrie und Landwirtschaft sorgen für eine hohe Produktivität und einen hohen Lebensstandard.

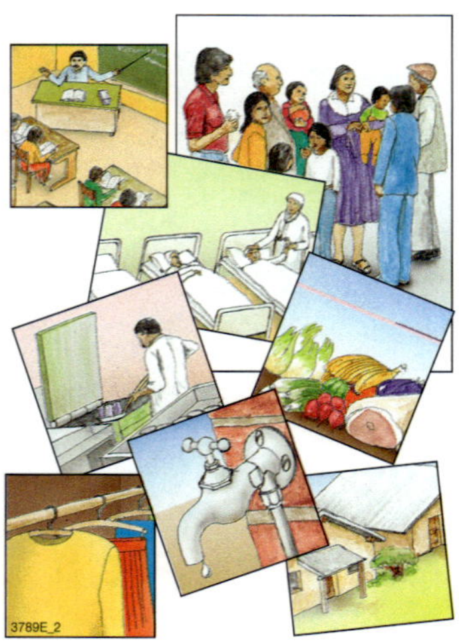

M1 *Grundbedürfnisse*

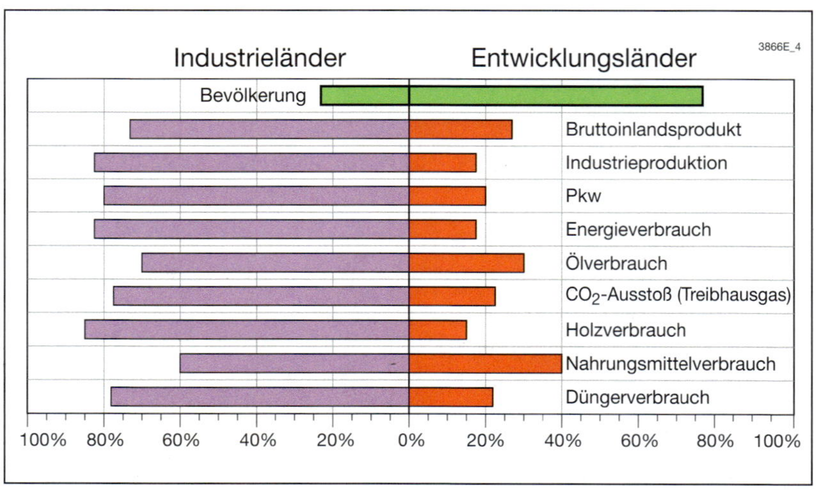

M3 *Industrie- und Entwicklungsländer im Vergleich (2013)*

HW-184
www.heimatundwelt.de

M4 *Unterricht an einer Dorfschule in Mali (links) und in Deutschland (rechts)*

Grundbedürfnisse nicht erfüllt

In den weniger entwickelten Staaten, **Entwicklungsländer** genannt, leidet der größte Teil der Bevölkerung darunter, dass die Grundbedürfnisse kaum erfüllt sind. So sind zum Beispiel die Trinkwasser- und Stromversorgung oft unzureichend. Auch der Zugang zu Bildung und medizinischer Versorgung bleibt für viele Menschen ein unerfüllter Wunsch. Die Menschen müssen Arbeit zu Niedriglöhnen annehmen. Weltweit leben über eine Milliarde Menschen in extremer Armut. Sogenannte **Schwellenländer** ordnen sich zwischen Industrie- und Entwicklungsländern ein. Sie stehen an der Schwelle zu einem entwickelten Land, in dem bereits einige Wirtschaftszweige Weltniveau haben, andere dagegen noch unterentwickelt sind.

Aufgaben

4 Notiere Grundbedürfnisse des Menschen (M1).

5* Werte die Karikatur M5 aus. Verwende auch die Grundbegriffe.

6 Nenne Produkte aus Entwicklungs- und Schwellenländern, die du verwendest.

M5 *Karikatur „Eine ungleiche Welt"*

Merke
Die Länder der Erde sind unterschiedlich entwickelt und können entsprechend dem Grad ihrer Entwicklung den Industrie-, Entwicklungs- oder Schwellenländern zugeordnet werden.

Grundbegriffe
Industrieland
Entwicklungsland
Schwellenland

Arbeiten mit Web-GIS

Info

GIS

Ein Geographisches Informationssystem (GIS) ist eine Software, in der Gebietsdaten wie Staaten und ihre Grenzen mit Sachdaten wie zum Beispiel Bevölkerungsdichte und Entwicklungsstand kombiniert werden.
Dabei kann man das Ergebnis in unterschiedlichen Formen abrufen, zum Beispiel als Karte, als Diagramm oder als Tabelle.
Gebräuchliche GIS-Anwendungen findet man beispielsweise in Navigationsgeräten.

Entwicklungsstand der Staaten – Mit GIS arbeiten

Ein hilfreiches Web-GIS ist das Diercke WebGIS. Es liefert Daten zu allen Staaten der Erde, passend zum Lehrbuch und zum Atlas. Die Datenbank wird mit Zahlen von Statistischen Ämtern, zum Beispiel von Deutschland, der EU oder der UNO, immer auf aktuellem Stand gehalten. Im Gegensatz zu einer GIS-Software im Computer kann man jedoch nicht selbst Daten hinzufügen.
Grundsätzlich bietet Diercke WebGIS drei Funktionen:

- die Darstellung von Informationen in Karten,
- die Erstellung von Karten nach eigenen Vorgaben,
- den Abruf von Informationen in Form von Tabellen und Diagrammen.

Das Diercke WebGIS hilft dir einfach und schnell, selbstständig Karten zu erstellen.

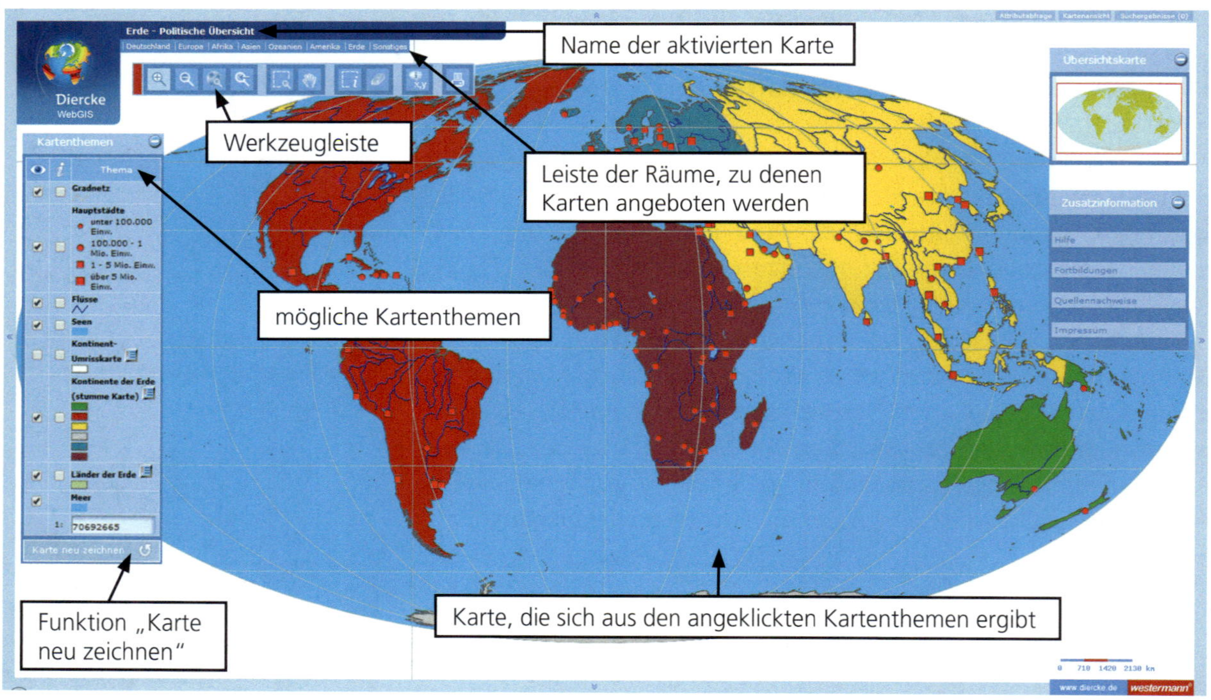

Vergrößern des Kartenausschnitts

Abfrage von Informationen aus der dahinterliegenden Datenbank

Berechnung von Entfernungen/Flächen

Rückkehr von der Detailansicht zu einer übersichtlicheren Karte

Ermittlung der geographischen Koordinaten am angeklickten Punkt

Drucken der aktuellen Karte (DIN A4, bunt)

M1 *Karten mit dem Diercke WebGIS erstellen (www.diercke.webgis-server.de)*

M2 *Arbeit am PC*

So rufst du eine Karte ab

1. Rufe die Webadresse vom Diercke WebGIS auf (*www.diercke.webgis-server.de*) und klicke auf den gewünschten Kartendienst, z. B. „Entwicklungsstand der Staaten" im Kapitel „Erde".
2. Wähle links unter „Kartenthemen" in der Spalte mit dem Symbol das Thema aus, das dich interessiert. Dazu klickst du zum Beispiel vor Gradnetz, Entwicklungsstand oder Länder der Erde das Häkchen weg.
3. Klicke nun unten auf „Karte neu zeichnen" und du erhältst die Karte mit den ausgewählten Themen.

Beispielaufgaben

1 Erstelle folgende Karten:
a) Politische Übersicht Asiens,
b) Altersstruktur Deutschlands 2020.

2 Erstelle eine Karte zu Deutschland, mit den Aussagen:
a) zu jungen Leuten bis 20 Jahre,
b) zu den über 60-Jährigen.

M3 *Eigene Karten erstellen*

So rufst du Informationen der Karte ab

Man kann zu jedem Kartenthema Informationen aus der Datenbank abrufen und diese in Tabellenform darstellen.

1. Klicke das Icon in der oberen Werkzeugleiste an. Dadurch wird das Werkzeug aktiviert.
2. Aktiviere nun bei den Kartenthemen links in der Spalte das Thema oder mehrere Kartenthemen, die dich interessieren. Setze dort ein Häkchen (z. B. bei Entwicklungsstand).
3. In der Karte befindet sich nun ein Fadenkreuz. Klicke mit diesem das Land an, zu dem du die Information wünschst (z. B. Australien), oder eine Region, in der du mit gedrückter Maustaste einen Rahmen über mehrere Länder hinweg aufziehst.
4. Klicke nun auf „Suchergebnisse". Es öffnet sich eine Tabelle, in der du alle Werte zum Entwicklungsstand ablesen kannst, die die Datenbank enthält.

Beispielaufgaben

1 Erfrage aus der Karte „Deutschland Altersstruktur 2020" die vorhandenen Daten zu den unter 20-Jährigen in Berlin und in deinem Heimatkreis.

2 Erstelle Karten zur Bevölkerungsdichte und zum BIP von China. Finde Zusammenhänge.

M4 *Arbeiten mit der Datenbank*

Info

Ressourcen und Rohstoffe

Ressourcen sind alle natürlich vorhandenen Vorräte an Stoffen und Energien, die für den Menschen nutzbar sind. Dazu zählen neben den Bodenschätzen (Kohle, Erze, Erdöl) auch Wasser, Wälder, Böden und die Strahlungsenergie der Sonne.
Rohstoffe sind Stoffe, die der Natur entnommen wurden und vom Menschen genutzt werden.

Ressourcenförderung

Reichen unsere Ressourcen? Müssen wir sparen? Fragen, die wir oft hören und über die wir nachdenken müssen.
Unter dem Begriff „Ressourcen“ versteht man die Gesamtheit aller natürlichen Stoffe, die der Mensch nutzbar machen kann. Speziell die Rohstoffe sind auf der Erde nicht gleichmäßig verteilt. Das Gleiche trifft auch auf den Rohstoffbedarf zu.
Wichtige Rohstoffförderländer sind zum Beispiel die Staaten der Golfregion, Südafrikas und Südamerikas sowie Australien. Verbraucht werden die Rohstoffe vor allem in den Industrieländern Europas, Nordamerikas und Ostasiens.

Aufgaben

1 Ordne die Staaten nach Industrie-, Schwellen- und Entwicklungsländern (M2, M3, siehe S. 86).

2 Nenne Verwendungsmöglichkeiten der Rohstoffe (M2, M3, Internet).

Land	2011
VR China	1200
Australien	480
Brasilien	390
Indien	240
Russland	100
Ukraine	80
Welt	2800

M2 *Eisenerzförderung in Mio. t*

Land	2006	2011
VR China	2528	3520
USA	1054	992
Indien	449	588
Australien	383	415
Russland	309	333
Indonesien	193	324
Welt	6356	7695

M3 *Kohleförderung in Mio. t*

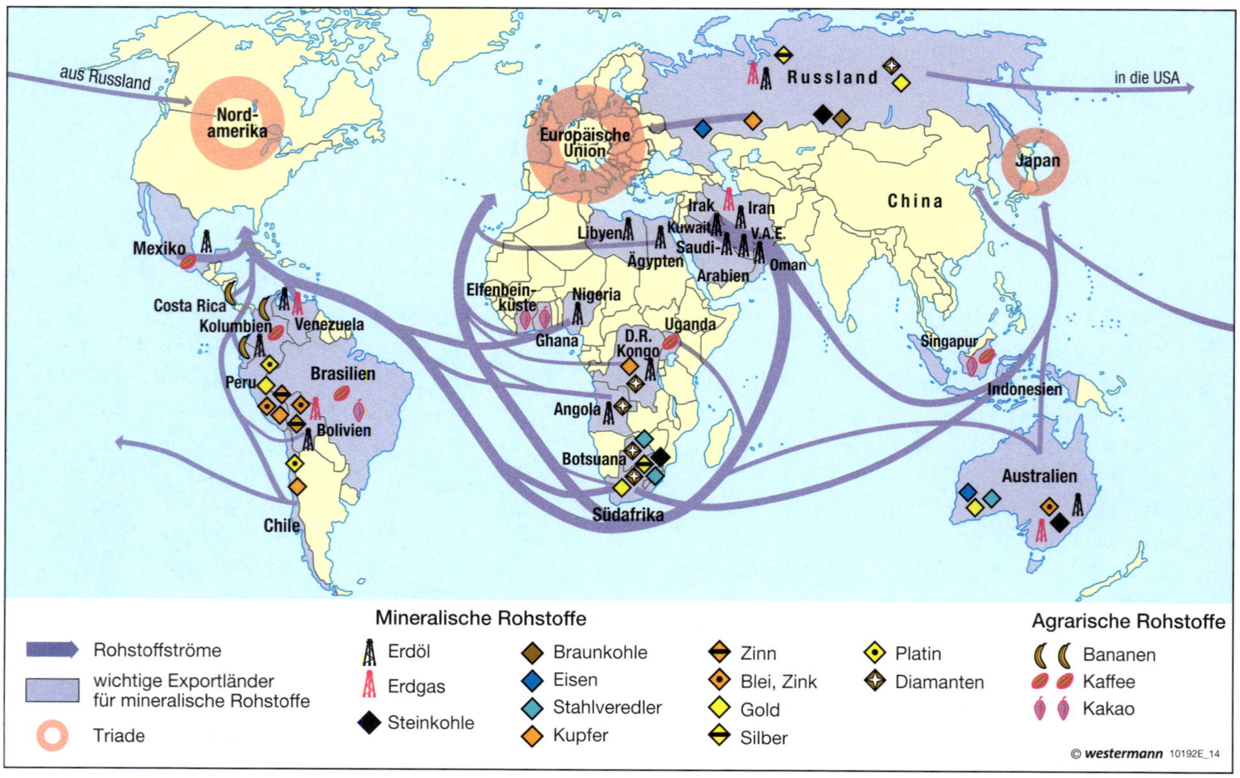

M1 *Handelsströme der Rohstoffe (Auswahl)*

HW-186 www.heimatundwelt.de

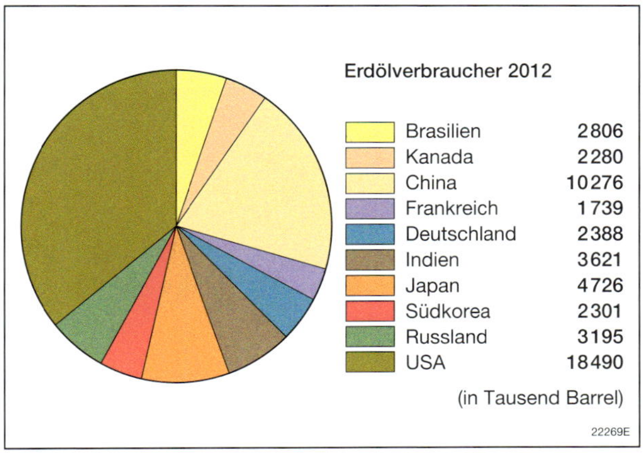

M4 *Die größten Erdölverbraucher 2012*

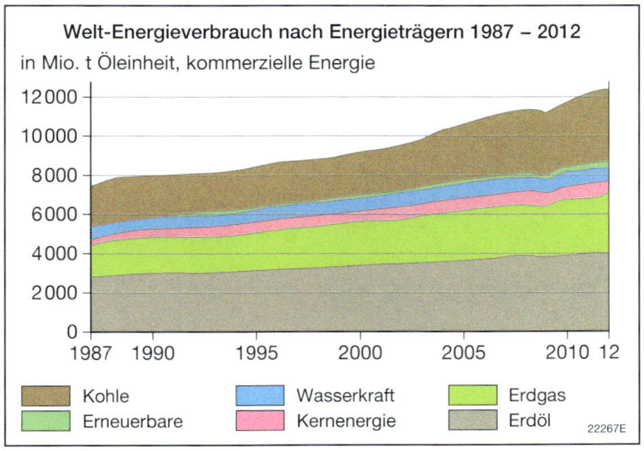

M6 *Weltenergieverbrauch 1987 – 2012*

Ressourcenverbrauch

Kohle, Erdöl und Erdgas sind wichtige Energieträger. Das rasche Anwachsen der Weltbevölkerung und der steigende Wohlstand der Menschen führen zu einem weltweit wachsenden Energieverbrauch. Dieser ist sehr eng mit dem Lebensstandard der Bevölkerung verbunden. Das heißt, dass der Energieverbrauch pro Kopf in Industrieländern deutlich höher ist als in den Entwicklungsländern.
So verbraucht die Bevölkerung in Deutschland pro Kopf etwa das Zehnfache an Energie gegenüber der Bevölkerung in dem Entwicklungsland Kenia.
In den Industrieländern wird vor allem viel Energie für Heizung, Verkehrsmittel, Beleuchtung und Kühlung, aber auch für die Herstellung sowie den Transport von Gütern und Nahrungsmitteln benötigt. Anders stellt sich der Energieverbrauch in Entwicklungsländern dar. In Äthiopien zum Beispiel ist für Bauernfamilien Holz oft die einzige Energiequelle zum Kochen und Heizen. Elektrischen Strom gibt es auf dem Land dort meist noch nicht.

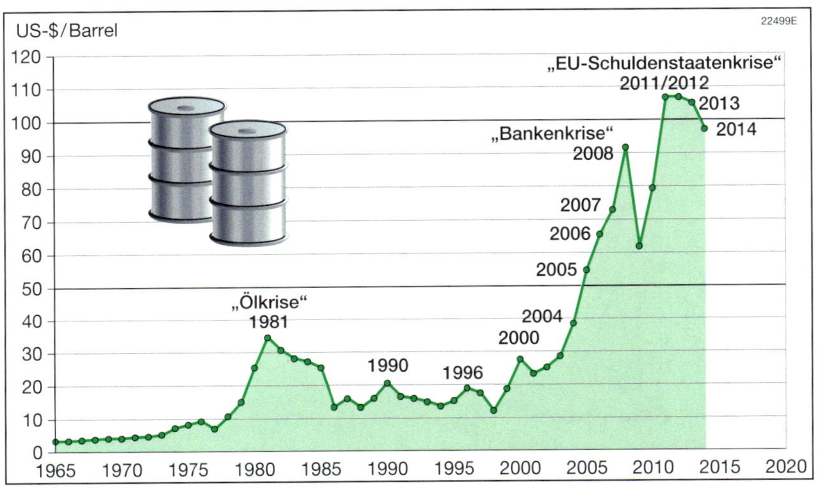

M5 *Entwicklung des Rohölpreises 1965 – 2014*

Info

Barrel

Barrel (engl. Fass) ist eine Volumenmaßeinheit. Ein Barrel Erdöl entspricht einer Menge von 159 l.

Aufgaben

3 Erläutere die Handelsströme der Rohstoffe (M1).

4 Erkläre den weltweiten Energieverbrauch (M4, M6).

5* Werte die Entwicklung des Rohölpreises für
a) Förderländer
b) Verbraucherländer aus (M5).

6 Erkläre, wie du selbst deinen Ressourcenverbrauch einschränken und Energie sparen kannst.

Merke
Rohstoffvorkommen und Rohstoffverbrauch sind ungleichmäßig auf der Erde verteilt. Die Unterschiede der Staaten in ihrem Rohstoffverbrauch vergrößern sich.

Disparitäten in der Wirtschaftsleistung

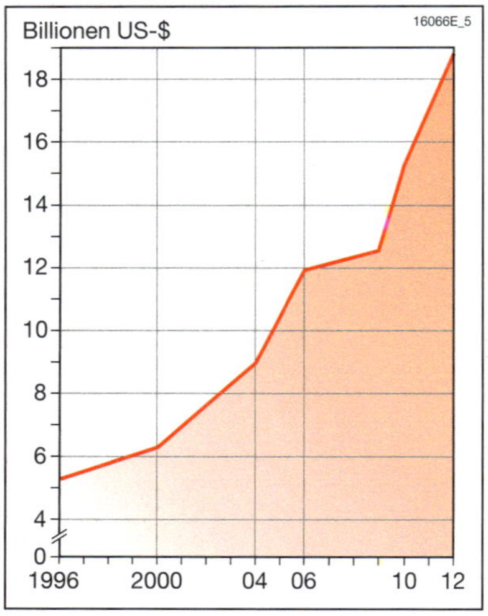

M1 *Exportentwicklung weltweit*

Wirtschaftsleistung der Staaten

Die Wirtschaftsleistung der Staaten weltweit hängt von ihrer Wirtschaftsstruktur ab. Bei einem hoch entwickelten Staat stimmen Export- und Importvolumen ungefähr überein. Die Handelsbilanz ist somit ein Merkmal für die Wirtschaftsleistung.

Industriestaaten exportieren vorwiegend hochwertige Industrieprodukte, die den Staaten mehr Geld einbringen als der Export von Rohstoffen und Landwirtschaftsprodukten.

Entwicklungsländer, deren Wirtschaft oft nur von der Landwirtschaft und dem Export von Rohstoffen geprägt wird, weisen eine geringe Wirtschaftsleistung auf. Dies hat zur Folge, dass diese Länder weiterhin von dem Verkauf ihrer Exportgüter an die Industrieländer abhängig sind. Diese Abhängigkeit nutzen die Industrieländer häufig aus, um die Preise für die Exportgüter niedrig zu halten. Durch die geringen Exporteinnahmen bleiben diesen Staaten kaum finanzielle Mittel, um die Entwicklung des Landes zu fördern und eine weiterverarbeitende Industrie aufzubauen. Der Unterschied in der Wirtschaftsleistung der Staatengruppen vergrößert sich weiter.

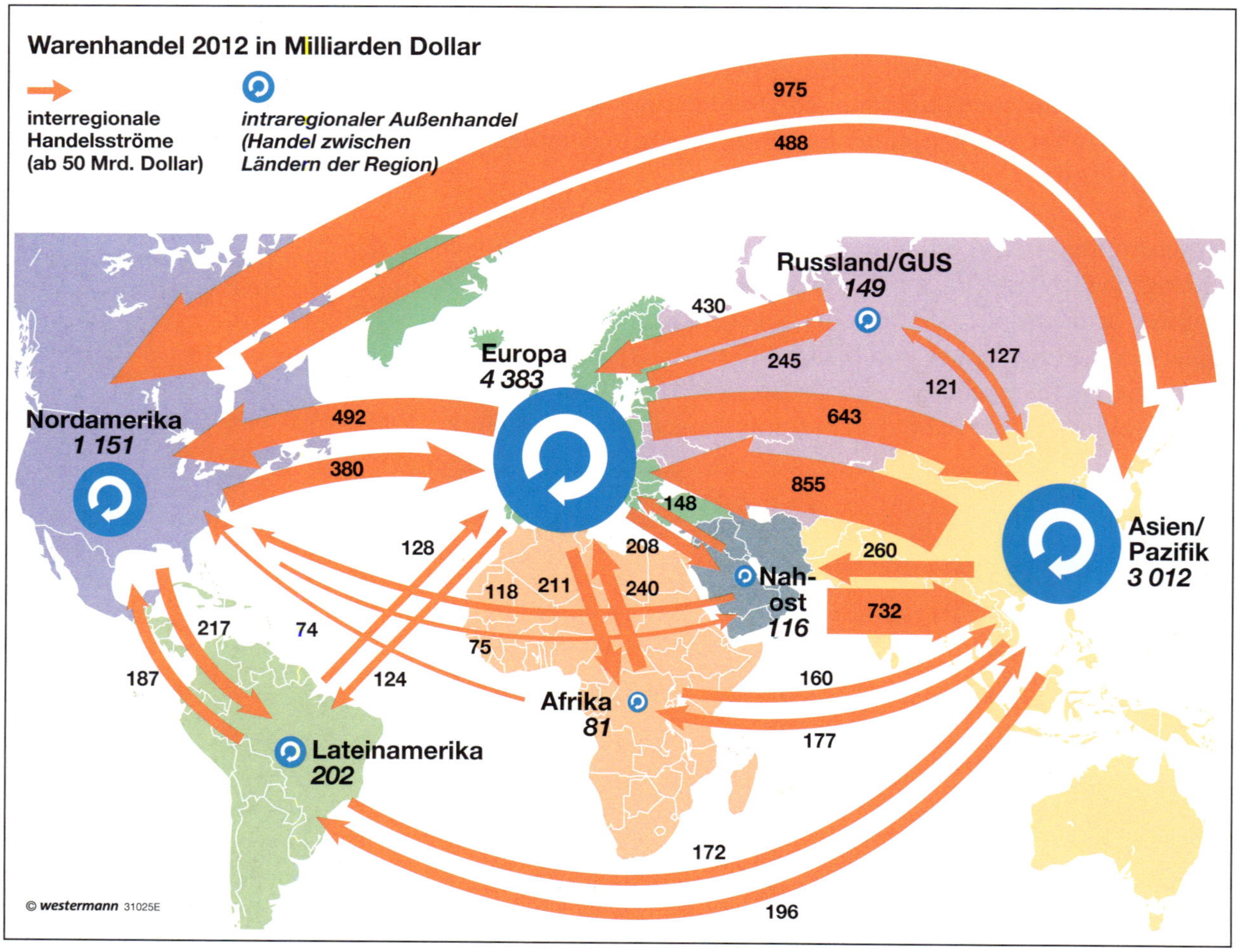

M2 *Welthandel und Warenströme (2012)*

Land	2000	2005	2009	2012
Norwegen	35 860	62 490	85 760	98 860
Luxemburg	43 660	69 300	71 920	76 960
Schweiz	40 270	56 870	65 040	82 730
Dänemark	31 830	48 590	58 330	59 770
Schweden	29 490	42 920	48 640	56 210
Niederlande	26 580	39 880	48 530	48 250
Finnland	25 440	38 550	46 620	46 940

Land	2000	2005	2009	2012
Afghanistan	k. A.	230	370	570
Guinea	400	360	380	440
Äthiopien	130	160	350	380
Niger	180	260	340	390
Sierra Leone	150	230	340	580
Eritrea	170	250	290	450
Malawi	160	220	310	320

M3 *Die reichsten und ärmsten Staaten nach BNE je Einwohner (in US-Dollar)*

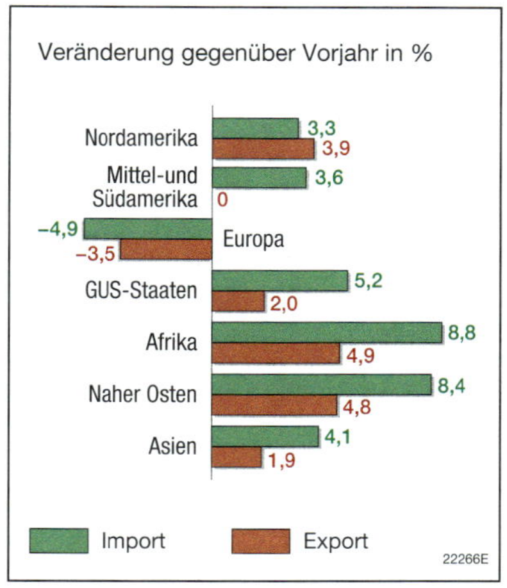

M5 *Welthandel (2012)*

Info

Bruttoinlandsprodukt (BIP)
Das BIP ist die Summe aller volkswirtschaftlichen Leistungen (Produktion und Dienstleistungen), die innerhalb eines Landes in einem Jahr erbracht werden.

Bruttonationaleinkommen (BNE)
Das BNE ist der Wert aller im Laufe eines Jahres von den Bewohnern eines Landes (auch der im Ausland wohnenden) produzierten Waren und erbrachten Dienstleistungen.

Handelsbilanz
Ist die jährlich berechnete Differenz zwischen den Gesamtwerten der Exporte und Importe eines Landes. Ist die Handelsbilanz positiv, überwiegen die Einnahmen durch Exporte gegenüber dem Wert der importierten Güter.

	Frankreich	Vietnam
BIP	1 996 Mrd. Euro	99 Mrd. Euro.
Wachstum BIP	1,7 %	5,9 %
Anteil Landwirtschaft	19 %	40 %
Anteil Industrie	1,8 %	22 %
Anteil Dienstleistungen	79,3 %	38 %
Arbeitslosenrate	9,7 %	3,6 %
Inflationsrate	2,3 %	18,6 %

M4 *Wirtschaft im Vergleich*

Aufgaben

1 Beschreibe die Entwicklung des Welthandels (M1, M2, M5).

2 Erläutere die internationalen Warenströme zwischen
a) Europa und Nordamerika
b) Europa und Asien (M2).

3 Wähle je ein Industrie- und ein Entwicklungsland aus M3.
a) Ermittle Import- und Exportprodukte der Länder (Atlas, Internet).
b) Bestimme die Handelsbilanz dieser Länder (Internet).

4 Vergleiche die Wirtschaftsdaten und finde mögliche Ursachen für die Unterschiede (M4).

Merke
Die Wirtschaftsleistung der Staaten ist von ihrer Wirtschaftsstruktur abhängig.

Gegenseitige Abhängigkeit

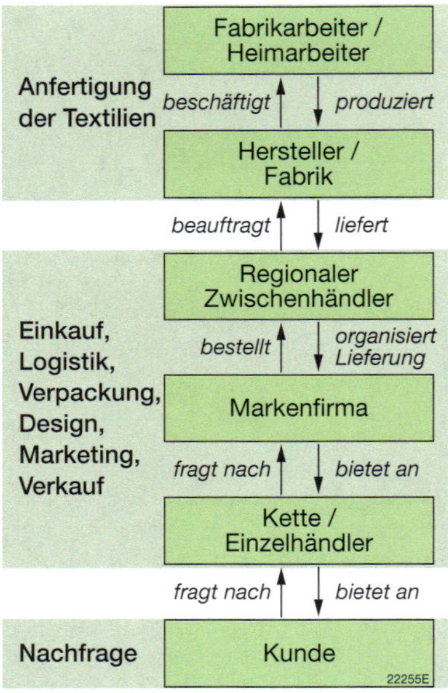

M1 *Lieferkette in der globalen Textilindustrie*

M2 *Shoppingtour*

Globalisierung hautnah

Schuhe, Smartphones, Textilien – ein vielfältiges Warenangebot findest du in unseren Geschäften. Ob du ein Produkt kaufst, entscheidet oft der Preis. Hast du dich schon einmal gefragt: Wurde unter menschenwürdigen Bedingungen produziert? Sind gesundheitsschädliche Stoffe im Material? Steckt Kinderarbeit in den Produkten?
Die Produktion setzt sich aus mehreren Teilschritten zusammen, die oft in vielen verschiedenen Regionen unserer Erde ausgeführt werden. Am Beispiel der Jeansherstellung kannst du erkennen, wie die Industrieproduktion großer Unternehmen weltweit verflochten ist.

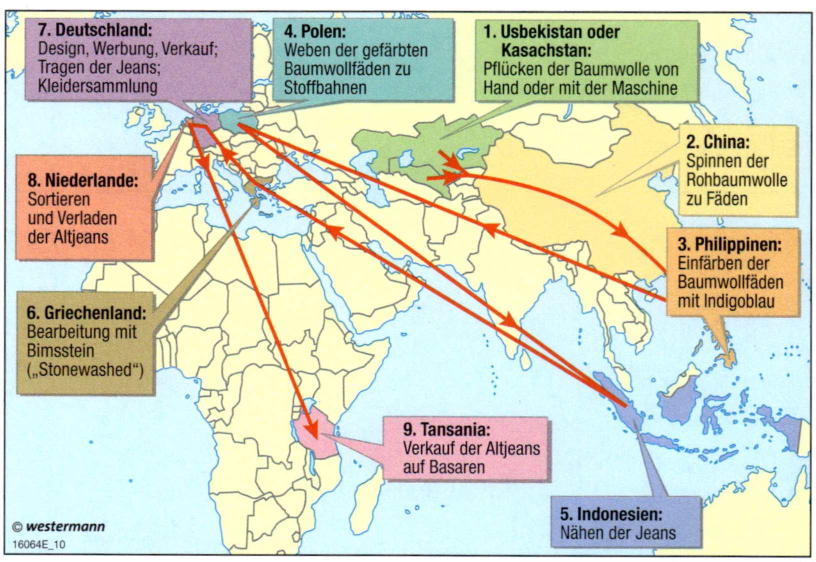

M3 *Beispiel der Globalisierung – Weltreise einer Jeans*

Aufgaben

1 Ermittle von vier deiner Lieblingskleidungsstücke das Produktionsland.

2 Bestimme die Entfernung, die für die Herstellung einer Jeans zurückgelegt wird (M3, Atlas).

3 Ordne den Beteiligten der Lieferkette entsprechende Länder zu (M1).

4 Nimm Stellung zu den Materialien M2 und M4 bis M7.

5* Erkläre, wie dein Kaufverhalten das Leben der Menschen in den Produktionsländern beeinflussen kann.

HW-210 www.heimatundwelt.de

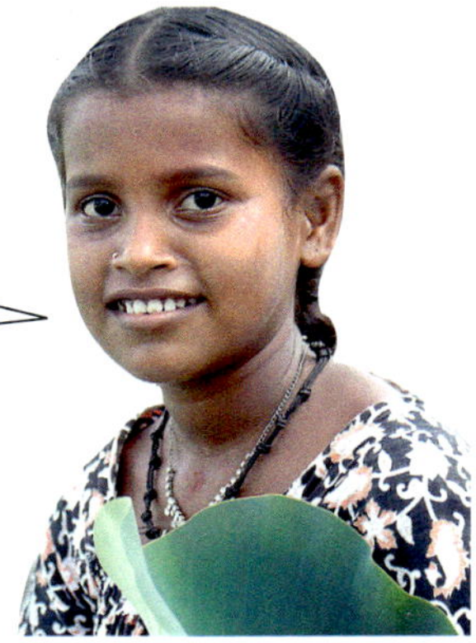

Ich werde nächsten Monat 14 Jahre alt. Dann beginne ich, als Hilfsnäherin in einer Textilfabrik zu arbeiten. Sie stellt Jeans für eine europäische Textilkette her. Für eine genähte Jeans werde ich dann circa 50 Cent erhalten. Meine Familie benötigt das Geld dringend. Die von mir hergestellten Produkte werde ich mir sicher nie leisten können.

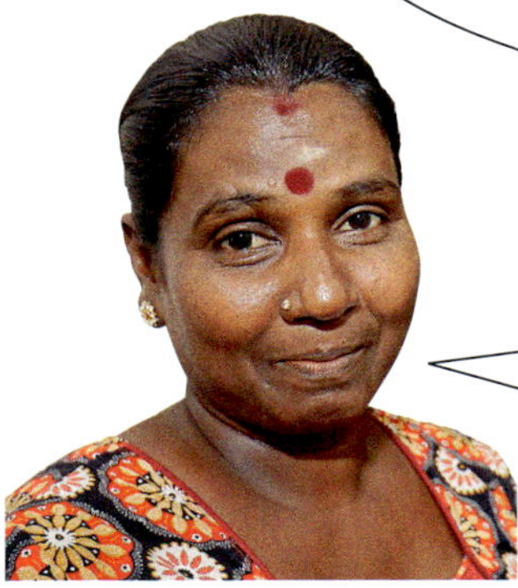

Auch ich arbeite in der Fabrik wie meine Tochter. Als gelernte Näherin verdiene ich 2100 Taka im Monat, das sind umgerechnet 19,50 Euro. Wir würden gern in die Hauptstadt Dhaka ziehen, aber die Mieten liegen dort um die 20 Euro für 10 bis 15 Quadratmeter. Es wird also ein Traum für uns bleiben.

M4 *Näherinnen aus Bangladesch*

Der Arbeitsplatz der Näherin Jasemin Akther lag in einer achtstöckigen Textilfabrik in Dhaka. Sie nähte für weniger als 50 US-Dollar pro Monat Blusen und T-Shirts für Konzerne in Deutschland und Großbritannien. Am 14. April 2013 änderte sich ihr Leben vollständig. Das Fabrikgebäude stürzte ein, mehr als 1 130 Menschen starben und über 1 800 wurden verletzt. Jasemin überlebte schwer verletzt. Sie kann heute kaum noch gehen und nicht mehr arbeiten. Auf Hilfe von den Unternehmen, für die sie gearbeitet hat, wartet sie noch heute.

Nach: Leyendecker, H. & Ruprecht, A. (2014): Im Stich gelassen. Fabrikeinsturz in Bangladesch. www.sueddeutsche.de/wirtschaft/fabrikeinsturz-in-bangladesch-im-stich-gelassen-1.1869828 (Stand 15.10.2014)

M5 *Zeitungsmeldung zum Fabrikeinsturz in Bangladesch*

- lange Arbeitszeiten, oft unbezahlte Überstunden
- extrem niedrige Löhne
- schlechter Zustand der Arbeitsplätze
- unzureichende Sicherheit am Arbeitsplatz
- keine Absicherung bei Arbeitsunfällen oder Krankheit
- geringe staatliche Umweltauflagen
- häufig Kinderarbeit

M7 *Mögliche Gründe für niedrige Produktionskosten*

Jeanspreis 50 Euro

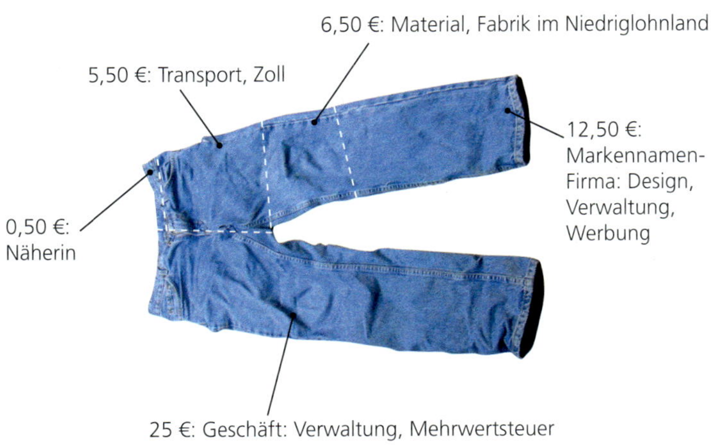

M6 *Wer verdient wie viel an einer Jeans?*

Merke
Die großen Unternehmen lassen ihre Produkte weltweit produzieren. Dadurch werden enorme Produktionskosten gespart und es entstehen gegenseitige Abhängigkeiten.

Grundbegriff
Globalisierung

Leben in einer Welt

Bewerte dich selbst nach den Ampelfarben!

Markiere nach der Lösung jede Aufgabe in deinem Heft mit einem Punkt in der entsprechenden Farbe.

Die Aufgabe konnte ich

- nicht lösen. Das muss ich noch üben.
- mit Hilfen lösen.
- ohne Hilfen lösen.

1. Werte die Karikatur aus.

2. Ergänze mögliche Lebensläufe der Jugendlichen. Verwende unter anderem folgende Begriffe: Armut, 14 Stunden Arbeit, Lehrstelle, Taschengeld, Freizeit, Schulbildung, Urlaub.

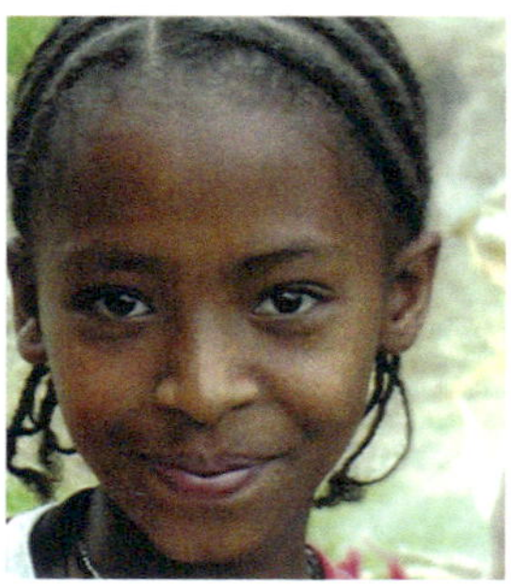

Ich bin Haile, 12 Jahre alt, wohne in Harar, einem Ort in Äthiopien. Mein bisheriges Leben ....

Meine Vorstellungen für die Zukunft ...

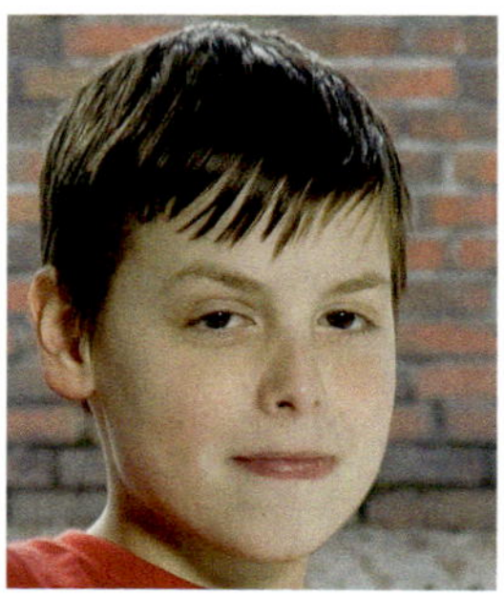

Ich bin Marcus, ...

3. Berechne den Weg, den die folgenden Kleidungsstücke und Gegenstände bis zu Jonas und Ben nach Leipzig zurückgelegt haben. Nimm als Ausgangspunkt die jeweilige Hauptstadt des Produktionslandes an.

Shirts (Tunesien):	... km
Jeans (Bangladesch):	... km
Cap (Türkei):	... km
Armbänder (Indonesien):	... km
Schuhe (Malaysia):	... km
Kopfhörer (Japan):	... km
Skateboards (China):	... km

4. Löse das Rätsel (ä = ae etc.)

1 Industrieland Europas
2 Schwellenland Südamerikas
3 Produkt der Textilindustrie (Einz.)
4 Rohstoff
5 Problem der Entwicklungsländer
6 Unterschied zwischen Industrie- und Entwicklungsländern
7 Textilexportland
8 Entwicklungsland Afrikas
9 Entwicklungsstand eines Staates
10 Grundbedürfnis des Menschen
11 Produkt der Textilindustrie
12 Schwellenland Südamerikas
13 Grundbedürfnis des Menschen
14 Entwicklungsstand eines Staates
15 Schwellenland Asiens
16 Merkmal eines Industrielandes
17 Schwellenland Asiens
18 Entwicklungsland Afrikas
19 Sammelbegriff für Förderprodukte der Entwicklungsländer

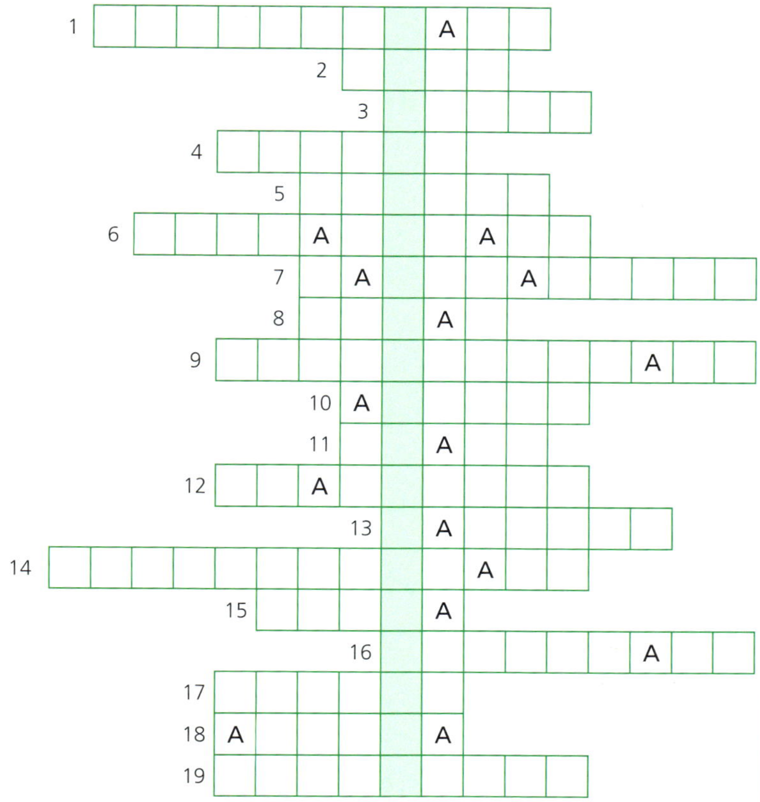

5. Benenne die Staaten und ordne sie Industrie-, Entwicklungs- und Schwellenländern zu.

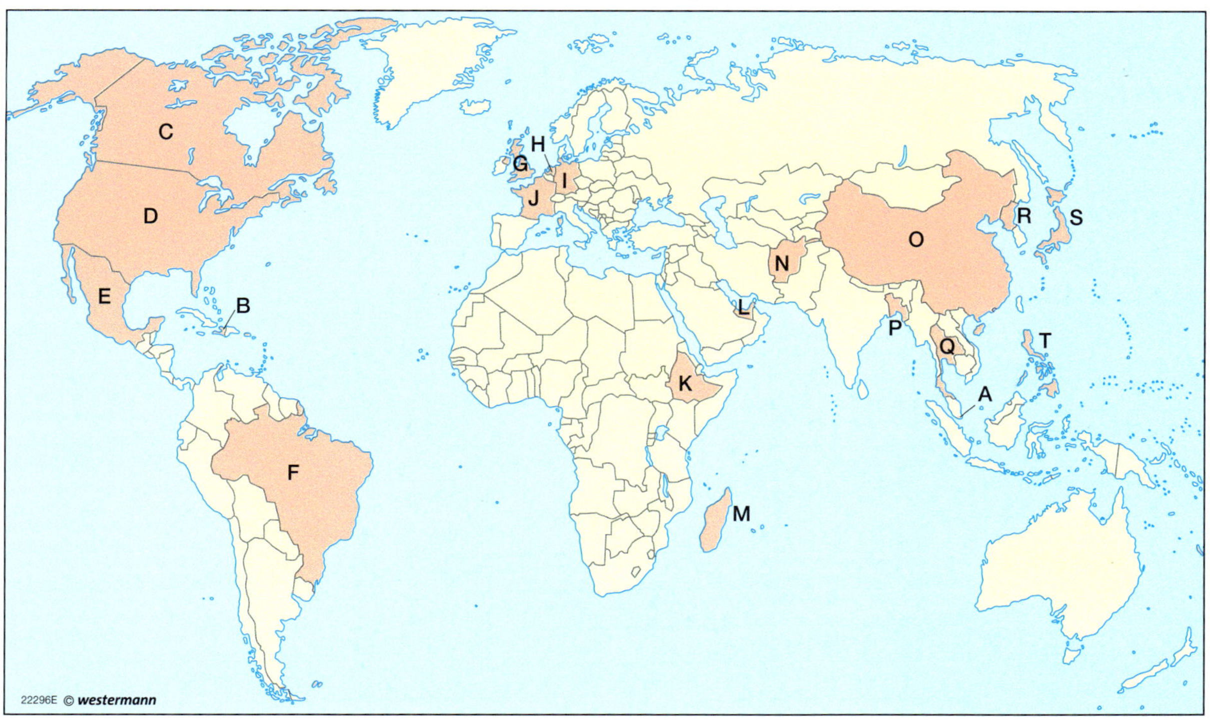

Wahlpflicht I – Sibirien

M1 *Diamantenmine in Mirnyj (Russland)*

Wo Gott einst die Hände einfroren …

Eine alte sibirsche Legende besagt, dass Gott, nachdem er die Erde erschaffen hatte, mit seinen Gaben über die Welt flog, um sie überall zu verteilen. Als er jedoch nach Sibirien kam, froren ihm die Hände ein. Er ließ alles fallen, was er noch mit sich trug, und so wurde Sibirien reich an Bodenschätzen. Aus Zorn darüber strafte Gott den Landstrich allerdings mit ewigem Winter.

Rau und rohstoffreich. Wo Gott einst die Hände einfroren. www.wissen.de/rau-und-rohstoffreich (Stand 15.10.2014)

M1 *Sibirische Legende*

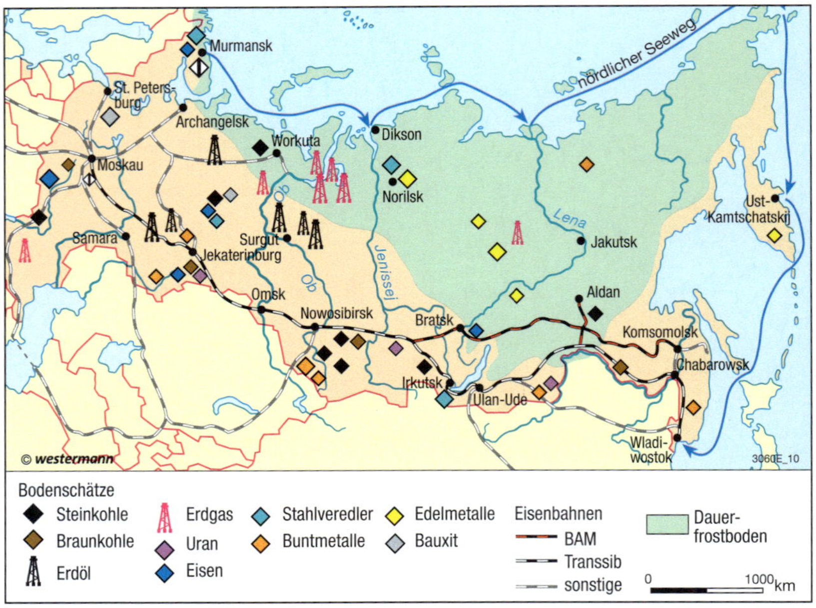

M3 *Ausgewählte Bodenschätze Russlands*

Aufgaben

1 Miss und berechne die W-O-Ausdehnung und N-S-Ausdehnung Sibiriens (Atlas).

2 a) Erkläre, warum Sibirien als Schatzkammer bezeichnet wird.
b) Wähle einen Rohstoff aus und lokalisiere dessen Vorkommen in Sibirien. Erläutere, warum die Erschließung dieser Rohstoffquellen schwierig ist (M3, Atlas).

Klima:
- Klimazonen: polare, subpolare, gemäßigte Klimazone
- Jahresdurchschnittstemperatur: 0 °C
- kontinentales Klima: sehr kalte und lange Winter; kurze und warme Sommer

Vegetation:
- Vegetationszonen: polare Kältewüste, Tundra, Taiga, Steppe

Boden:
- große Gebiete mit Permafrostboden

M2 *Sibiriens Naturraum*

Schatzkammer Sibirien

Sibirien umfasst den asiatischen Teil Russlands. Er wird im Westen begrenzt vom Ural, im Norden vom Nordpolarmeer, im Osten vom Pazifik und im Süden von China, der Mongolei und Kasachstan. Sibirien hat eine Fläche von 13,1 Mio. km² und nimmt damit Dreiviertel des Territoriums Russlands ein. Es ist rund 36-mal so groß wie Deutschland, aber nur sehr dünn besiedelt.
Sibirien verfügt über reiche Rohstoffvorkommen. Hier lagern rund Dreiviertel der Vorräte an Erdgas, Erdöl und Kohle sowie 85 Prozent der Erze und Diamanten von ganz Russland. Rund 40 Prozent der russischen Goldproduktion befinden sich im Osten Sibiriens. Die Lagerstätten werden sehr intensiv genutzt. Zum Abtransport der Bodenschätze braucht man Straßen, Eisenbahnlinien und Schifffahrtswege. Es gilt, riesige Entfernungen zu überwinden. Im Winter können zugefrorene Seen, Flüsse und Sümpfe als Straßen oder Landeplätze genutzt werden. Im Sommer taut der Boden oberflächlich auf und wird schlammig, was den Transport erschwert.

Ressource Holz

Die Taiga ist das größte zusammenhängende Waldgebiet der Erde und beherbergt mehr als die Hälfte der weltweiten Nadelbäume. Die Nadelwälder werden mit modernster Technik abgeholzt. Daraus wird in den Zellstoff- und Papierfabriken Sibiriens etwa die Hälfte des weltweit bedruckten Zeitungspapiers hergestellt. Das Holz wird auch als Bauholz, zur Möbelproduktion oder zur Zellstoffherstellung genutzt.

HW-96, 106
www.heimatundwelt.de

M4 *Russisches Erdgas für Europa*

Info

Yamburg

Yamburg, die „Stadt am Ende der Welt“, wurde in den 1980er-Jahren für die Belegschaft des Yamburg-Erdgasfeldes errichtet. 14 000 Menschen sind hier für den russischen Konzern Gazprom tätig. Wer täglich an den Bohrlöchern arbeitet, darf nach zwei Wochen zurück in seinen Heimatort. Angestellte, die in den Fabriken, der Verwaltung oder den Dienstleistungsbetrieben tätig sind, arbeiten vier Wochen und können dann für zwei Wochen zu ihren Familien. Die Fahrtkosten übernimmt der Konzern. Der Lohn der Arbeiter ist bis zu zehnmal so hoch wie der Durchschnittsverdienst in Russland.

Ressource Erdgas

Russland verfügt über große Erdgasreserven. Die Hauptfördergebiete liegen im Gebiet von Yamburg und Nowyi Urengoi nördlich des Polarkreises. Neue Erdgasfelder werden auf der Halbinsel Jamal erschlossen. Das Erdgas wird über ein dichtes Netz von Pipelines nach Europa transportiert. So zum Beispiel über die Ostseepipeline oder die geplante South Stream, die durch das Schwarze Meer verlaufen soll.

Ostseepipeline

Die durch die Ostsee verlaufende Pipeline transportiert Erdgas von Russland nach Europa. Eine der wichtigsten Erdgasquellen dieser Pipeline ist das Juschno-Russkoje Erdöl- und Erdgasfeld in Westsibirien. Zwei jeweils 1 224 km lange Pipeline-Stränge führen vom russischen Wyborg bis nach Lubmin bei Greifswald. Sie ist die direkteste Verbindung zwischen den riesigen Erdgasreserven in Russland und den Energiemärkten in der EU. Die beiden Pipeline-Stränge können den Energiebedarf von mehr als 26 Mio. europäischen Haushalten decken. Die Investitionskosten für dieses Projekt belaufen sich auf 7,4 Mrd. Euro. Seit 2012 sind beide Röhren in Betrieb. Der Gaskonzern möchte bis zum Jahr 2018 seine Förderkapazität verdoppeln. Dieses Projekt ist umstritten, da die Pipelines durch ein Naturschutzgebiet führen.

M5 *Russisches Erdgas für Europa*

Aufgaben

3 a) Beschreibe die Verbreitung der Taiga (Atlas).
b) Nenne und beschreibe ökologische Probleme dieser Region (Atlas, Internet).

4 a) Beschreibe die Lage der Erdgasvorkommen Sibiriens (M3, M4).
b) Nenne Länder, durch die die Erdgasleitungen führen (M4, Atlas).

5* Erkläre, warum trotz schwieriger Baubedingungen eine Pipeline nach Europa gebaut wurde (M4, M5).

Merke
Sibirien ist reich an Rohstoffen. Die Erschließung dieser Rohstoffe ist sehr schwierig und verursacht hohe Kosten.

Besiedlung und Erschließung

Aufgaben

1 Beschreibe Veränderungen auf dem nördlichen Seeweg durch die Erderwärmung (M1, M2).

2 Lokalisiere Siedlungen in Sibirien und begründe ihre Lage (Atlas, S. 100 M3).

3 a) Nenne Bodenschätze und Rohstoffe entlang der Bahnstrecke der Transsib (Atlas, S. 100 M3).
b) Beschreibe die wirtschaftliche Erschließung entlang der Transsib.
c) Begründe den Verlauf der Transsib im südlichen Teil Sibiriens.

4 a) Beschreibe den Verlauf der BAM (M2).
b) Erkläre, warum die BAM ihre Erschließungsfunktion nicht vollständig erfüllen kann.

Sibiriens Erschließung

Sibirien gilt für viele Menschen als unendliche Natur und überquellende Schatzkammer voller Rohstoffe.
Seit dem 16. Jahrhundert drangen russische Forscher und Kaufleute, aber auch bewaffnete Truppen in dieses riesige, unerschlossene Gebiet vor. Schon zu dieser Zeit ging es um Rohstoffe wie wertvolle Pelze und Diamanten. Die ersten Siedlungen entstanden. Als die Bestände an Pelztieren am Ende des 17. Jahrhunderts wegen Überjagung stark zurückgingen, trat der Abbau von Erzen in den Vordergrund. Aufgrund der riesigen Entfernungen wurden zunächst die wertvollsten Erze wie Silber, Kupfer und Gold abgebaut. Später wurden die Erdöl- und Erdgaslagerstätten erschlossen. Seit der Zarenzeit war Sibirien auch ein Verbannungsort für Strafgefangene, die unter sehr harten Bedingungen Bodenschätze abbauen mussten.

Sibiriens Verkehrswege

Die planmäßige Erschließung Sibiriens begann im 19. Jahrhundert, da mit der zunehmenden Industrialisierung das Interesse an Bodenschätzen stieg. Das größte Erschließungsproblem ist der Bau von Verkehrswegen. So wurden unter schwierigsten Bedingungen die Transsibirische Eisenbahn (Transsib) und die Baikal-Amur-Magistrale (BAM) gebaut. Entlang dieser Verkehrswege entstanden neue Siedlungen und Städte.
Norilsk, die nördlichste Großstadt der Erde mit 250 000 Einwohnern, entwickelte sich mit der Erschließung riesiger Lagerstätten von Nickel-, Platin- und Kupfererzen sowie Gold. Die Stadt ist die meiste Zeit des Jahres nur mit dem Flugzeug erreichbar. In den wenigen Sommermonaten kann man sie über den Jenisej bis zum Hafen Dudinka, der an den nördlichen Seeweg angeschlossen ist, erreichen.

Murmansk – Wladiwostock

Der nördliche Seeweg ist insgesamt 11 900 km lang und führt entlang der Nordküste Europas und Asiens von Murmansk nach Wladiwostok. Erstmals gelang die Durchfahrt 1878/79 mit einer Überwinterung. Seitdem wird diese Verkehrslinie von Juli bis Oktober/November eisfrei gehalten. Noch ist die Durchfahrt nur mithilfe leistungsfähiger Eisbrecher ganzjährig möglich. Dies ist aber mit sehr hohen Kosten verbunden. Aufgrund der Erderwärmung taut das Eis der Arktis immer stärker ab. Wissenschaftler gehen davon aus, dass die Eisbedeckung auf dem nördlichen Seeweg zukünftig über 120 Tage pro Jahr nur bei 50 Prozent und darunter liegen wird. Somit könnte der nördliche Seeweg eine eisfreie Schifffahrtsroute werden.

M1 *Nördlicher Seeweg*

Transsibirische Eisenbahn (Transsib)

Im Jahre 1891 wurde der Grundstein für den Bau einer Eisenbahnstrecke von Moskau nach Wladiwostok gelegt. Den Bau begleiteten große Schwierigkeiten. Zeitweise waren mehr als 90 000 Arbeiter beschäftigt, die aus China, Japan und Korea stammten. Im Winter machte die sibirische Kälte das Bauen schwierig. Im Sommer erschwerte der Schlamm des aufgetauten Permafrostbodens die Arbeiten. Trotzdem wurde die Transsib innerhalb von 25 Jahren erbaut und im Oktober 1916 fertiggestellt.

Die Baikal-Amur-Magistrale (BAM)

Die BAM verläuft nördlich, nahezu parallel zur Transsib und verbindet auf ihrem Kernstück die Städte Komsomolsk am Amur und Ust-Kut an der Lena miteinander. Ein großer Teil der Strecke verläuft auf Permafrostboden und sumpfigem Gebiet. Aber nicht nur die klimatischen Voraussetzungen sind schwierig. Auf den 4280 km Strecke müssen rund 3 000 Brücken und bis zu 15 km lange Tunnel über- und durchquert werden.

Erste Teilabschnitte dieser Eisenbahnlinie wurden bereits 1944/45 gebaut. Nach dem Zweiten Weltkrieg kamen die Arbeiten an der Strecke wieder zum Erliegen und wurden erst 1974 fortgeführt. Der Bau hatte mehrere Ziele. Zum einen wollte man einen besseren Zugriff auf die Rohstoffe dieser Region erreichen und zum anderen sollten neue Industriegebiete entstehen sowie der Handel bis nach Ostasien erweitert werden.

Eine zu geringe Auslastung der Strecke und fehlende Investitionen in die streckennahe Infrastruktur brachten bis heute nur einen mäßigen Erfolg für dieses Großprojekt. Somit hat die BAM ihre Erschließungsfunktion nicht voll erfüllt.

M2 *Wichtige Verkehrswege in Russland*

Die Strecke der Transsib ist seit 2002 vollständig elektrifiziert und misst 9 288 km. Die Bahn durchquert zwei Kontinente. Außerdem passiert sie 89 Städte und 16 große Flüsse und Ströme. Die längste Brücke führt auf rund zwei Kilometern über den Amur. Auf dem kältesten Abschnitt der Transsib herrschen im Winter Temperaturen unter -60°C. Die größte Steigung, die die Bahn überwinden muss, ist am Ufer des Baikalsees. Dort muss die Transsib auf ca. 30 km Strecke mehr als 400 Höhenmeter überwinden. Der Zug durchfährt sieben Zeitzonen, wobei bei einer Reise mit der Transsib zu beachten ist, dass sich alle Fahrpläne und Abfahrtszeiten auf Moskauer Zeit beziehen. Die Bahn dient vor allem dem Transport von Rohstoffen, befördert aber auch viele Touristen. Eine Fahrt dauert acht Tage und sieben Nächte.

M3 *Daten zur Transsib*

Merke

Bei der Erschließung Sibiriens gilt es, riesige Entfernungen zu überwinden. Das Straßennetz konnte aufgrund klimatischer Verhältnisse nicht vollständig ausgebaut werden. Die Transsib und die BAM bilden die wichtigsten Lebensadern Sibiriens.

Wahlpflicht II – Golfregion

M1 *Satellitenbild von der Küste der Vereinigten Arabischen Emirate*

Erdölförderung und -transport

M1 *Länder der Golfregion*

Verwendung von Erdöl

Wusstest du, dass Erdöl in vielen Produkten des täglichen Lebens Verwendung findet? Erdöl hat eine dunkle und schmierige Erscheinungsform und besteht aus einem Gemisch natürlich vorkommender Stoffe. Es ist Grundstoff der chemischen Industrie, Ausgangsstoff für die Treibstoffproduktion und kommt auch bei der Herstellung von kosmetischen Erzeugnissen und Kunststoffen zum Einsatz.

Aufgaben

1 Nenne Verwendungsmöglichkeiten von Erdöl (Internet).

2 a) Beschreibe die Lage der Golfregion (M1, M3, Atlas).
b) Benenne die Golfstaaten und ihre Hauptstädte (M1, Atlas).

3 Beschreibe die Lage der Erdöl- und Erdgasfelder in der Golfregion (M3). Verwende die Begriffe offshore und onshore.

Die Golfregion

Die Staaten des Nahen und Mittleren Ostens, die am Persischen Golf liegen, werden als Golfstaaten oder Golfregion bezeichnet. Sie zeichnen sich durch einen enormen Reichtum an Erdöl aus.
Die Förderung dieses Rohstoffes begann Anfang des 20. Jahrhunderts. Heute gibt es in dieser Region kaum noch ein Land, das kein Erdöl und Erdgas exportiert.
Die Erschließung und der Abbau der Lagerstätten erfordern keine hohen Förderkosten und sind somit wirtschaftlich sehr lukrativ. Die Größe der Lagerstätten und die gute Qualität des Erdöls führten dazu, dass sich diese Region rasch entwickeln konnte.

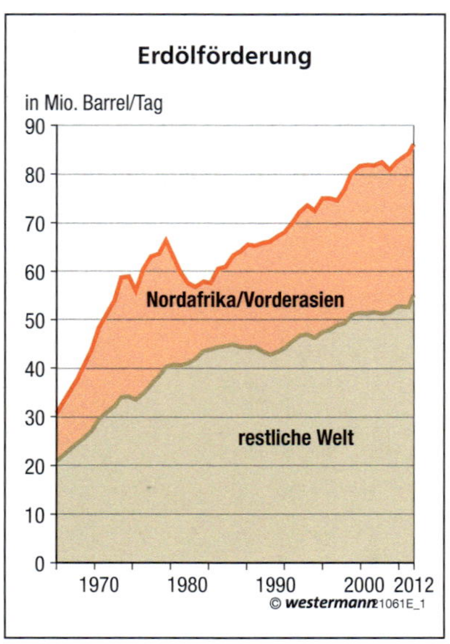

M2 *Weltweite Erdölförderung*

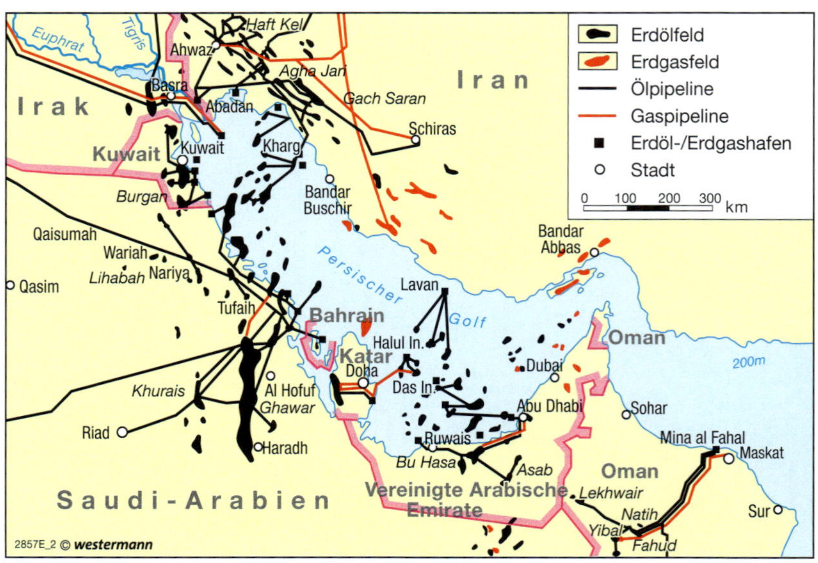

M3 *Erdöl- und Erdgasfelder in der Golfregion*

HW-120
www.heimatundwelt.de

Förderung von Erdöl

Erdöllagerstätten befinden sich: offshore – auf dem Meer und onshore – auf dem Festland. Um an das Öl zu gelangen, ist es notwendig, die Lagerstätte anzubohren. Danach wird das Bohrloch auszementiert und ein Steigrohr eingebracht. Das Öl fließt zunächst durch den natürlichen Druck von allein, später werden Pumpen zur Unterstützung eingesetzt.

Die Arbeit auf einer Bohrinsel

Das Leben auf der Bohrinsel ist hart. Zwei Wochen müssen die Arbeiter bei extremen Temperaturen auf der Bohrinsel arbeiten. Das verlangt ihrem Körper alles ab. Kontakt zu ihren Familie habe sie nur über das Telefon. Nach den zwei Wochen Arbeit haben sie dann acht freie Tage, um zu ihren Familien zu fahren und sich von der körperlich anstrengenden Arbeit zu erholen.

M4 *Bericht von einer Offshore-Lagerstätte*

Transport von Erdöl

Erdöl muss über große Entfernungen transportiert werden, da sich die Hauptverbraucher oft nicht in der Nähe der Fördergebiete befinden. Der Transport des Öls erfolgt mithilfe von Pipelines oder Öltankern. Die Förderung sowie der Transport von Erdöl bergen aber auch Gefahren. So gelangen jedes Jahr Tausende von Tonnen Öl durch Tankerunglücke und defekte Pipelines in die Umwelt.
Allein bei der Explosion der Ölplattform Deepwater Horizon 2010 im Golf von Mexiko entstand ein Ölteppich mit einer Fläche von circa 10 000 km². Im Umkreis der Plattform mussten große Flächen für den Fischfang gesperrt werden. Ansässige Seevögelkolonien sowie die Austern- und Fischbestände wurden stark geschädigt.

M5 *Öltanker*

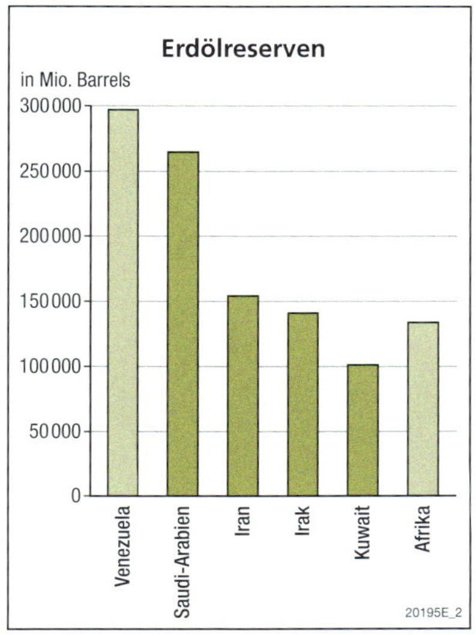

M6 *Globale konventionelle Erdölreserven (2013)*

Aufgaben

4 Vergleiche die Entwicklung der Erdölförderung der Golfregion mit der anderer Fördergebiete (M2).

5* „Die Veränderung des Rohölpreises hat weltweit unterschiedliche Folgen." Erkläre.

6 Vergleiche die Erdölreserven der Länder der Golfregion mit Ländern anderer Regionen (M6).

7 Nenne drei Ölkatastrophen der Vergangenheit und beschreibe ihre Folgen für Mensch und Natur. (Internet).

Merke
Die Golfregion ist die erdölreichste Region der Erde. Die Förderung des Erdöls erfolgt offshore oder onshore. Der Transport geschieht mittels Tanker und durch Pipelines.

M1 *Lage der VAE*

VAE – Reichtum ohne Ende

Grundlage des schier unermesslichen Reichtums arabischer Staaten sind die Vorkommen an Erdöl. Zu Beginn der 1960er-Jahre wurde es erstmals in großem Umfang gefunden. Im Jahr 1962 wurde das erste Öl exportiert.
Mit dem Export von Erdöl durch staatlich kontrollierte Mineralölunternehmen, wie zum Beispiel Saudi Aramco, erzielen die Staaten der Golfregion große Gewinne. Diese Einnahmen ermöglichten eine rasante wirtschaftliche Entwicklung der Länder. Autobahnen, Flughäfen, Erdölhäfen und gigantische Bauwerke entstanden.

Profitiert die Bevölkerung vom Reichtum?

Die Regierung achtet darauf, dass auch die Bevölkerung vom Reichtum profitiert. So werden eine ganze Reihe von Vergünstigungen an die Menschen weitergegeben. Das sind zum Beispiel:

- keine Steuern,
- kostenlose medizinische Versorgung,
- Strom und Wasser sind frei,
- Einheimische arbeiten in staatlichen Institutionen mit sehr gutem Verdienst.
- Es steht eine moderne Infrastruktur zur Verfügung.

Aufgaben

1 Beschreibe den wirtschaftlichen Erfolg, den die VAE durch die Erdölwirtschaft erlangt haben (M3 – M5).

2 Nenne die Mitgliedsstaaten der OPEC (Internet).

Info

Wasserverbrauch

Obwohl die VAE nur über wenig Wasservorräte verfügen, gehören sie zu den Ländern mit dem höchsten Wasserverbrauch. Allein in Dubai werden 500 Liter pro Tag und Einwohner benötigt.

Info

Vereinigte Arabische Emirate

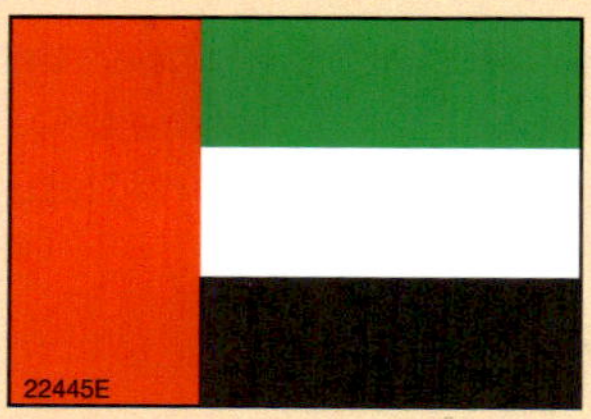

Einwohner:	9,3 Mio.
Fläche:	83 600 km²
Bevölkerungsdichte:	111 Einw./km²
Hauptstadt:	Abu Dhabi
Währung:	VAE-Dirham
Amtssprache:	Arabisch

M2 *Steckbrief der VAE (2013)*

M3 *Golfplatz in Dubai*

HW-120, 121
www.heimatundwelt.de

Reichtum – wie lange noch?

Die Erdölvorkommen sind nicht unbegrenzt. Um den Wohlstand der Bevölkerung halten zu können, müssen Alternativen zu den Einnahmen aus dem Erdölexport gesucht werden.

Möglichkeiten sind der weitere Ausbau zu einem Touristenmagnet, einem Finanz- und Handelszentrum, die Weiterentwicklung der IT-Branche und der Ausbau des Luftverkehrs. Nur wenn das gelingt, wird der Wohlstand für die Menschen erhalten bleiben.

Die OPEC

Die **OPEC** (Organization of Petroleum Exporting Countries) wurde 1960 gegründet. Die Mitgliedsstaaten besitzen circa 75 Prozent der Erdölvorkommen auf unserer Erde. Das ist etwa ein Anteil von 40 Prozent an der weltweiten Förderung. Ziel der OPEC-Staaten ist es, den Preis des Öls auf dem Weltmarkt zu kontrollieren.
Dazu wurden Förderquoten für die einzelnen Staaten festgelegt.

M4 *Hotel Burj Al Arab*

Raketenbeschuss auf Syrien: Angst vor Nahostkrise lässt Ölpreis steigen. (6.5.2013)

Anstieg der Förderung: Energieagentur prophezeit sinkenden Ölpreis. (12.10.2012)

Bericht über Explosion: Ölpreis steigt zeitweise auf höchsten Stand seit 2008 (2.3.2012)

M6 *Zeitungsmeldungen*

Aufgaben

3* Erkläre, wie die OPEC-Staaten auch auf unser Leben Einfluss nehmen.

4 Erläutere, warum bestimmte Ereignisse den Ölpreis stark schwanken lassen (M6).

M5 *Dubai-Stadt*

Merke
Der enorme Reichtum der VAE basiert auf reichen Erdölvorkommen. Die OPEC ist mit dem Ziel gegründet worden, den Ölpreis auf dem Weltmarkt zu kontrollieren.

Grundbegriff
OPEC

Wahlpflicht III – Himalaya

M1 *Bergsteiger und Sherpas am Mount Everest*

Lage, Erscheinungsbild und Entstehung

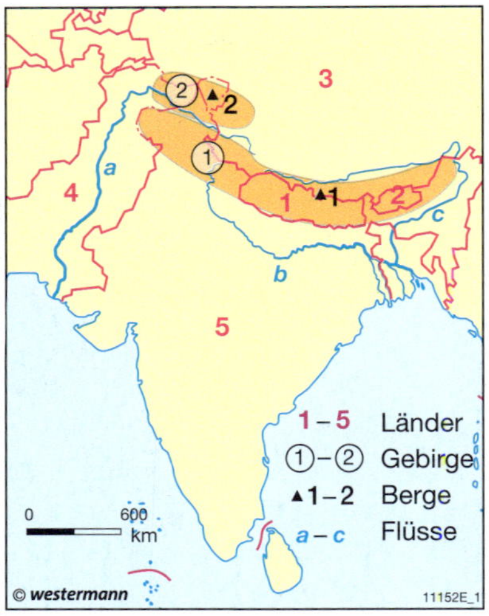

M1 *Lage des Himalaya*

M3 *Im Anflug auf den Himalaya*

Himalaya – höchstes Gebirge der Erde

Der Himalaya ist das höchste Gebirge unserer Erde. Himalaya ist abgeleitet aus den Wörtern „hima“, Schnee, und „alaya“, Ort oder Wohnsitz. Das Hochgebirge erstreckt sich zwischen dem Indischen Subkontinent im Süden und dem Hochland von Tibet im Norden. Die Ost-West-Ausdehnung beträgt ca. 3 000 km bei einer maximalen Breite von 350 km. Südlich vom Himalaya befindet sich die Aufschüttungsebene des Ganges und Indus, die dort große Mengen an Sedimenten angeschwemmt haben.

Die Natur des Himalaya ist einzigartig. Auf engstem Raum befinden sich sehr hohe Gebirgsketten mit tiefsten Tälern und Schluchten. Im Himalaya entspringen die großen Ströme, die Indien und seine Nachbarländer mit Wasser versorgen. Das Hochgebirge ist Lebensraum vieler Tiere, die sich dieser rauen und extremen Umgebung angepasst haben.

Aufgaben

1 Bestimme die topografischen Objekte in M1 (Atlas).

2 Nenne weitere Hochgebirge unserer Erde (Atlas).

3 Beschreibe die Entstehung des Himalayagebirges (M5, M6).

Muschelfund auf 5 000 m

Nachdem wir aus unserem Lager in circa 4 700 m aufgebrochen waren, erblickten wir in etwa 5 000 m Höhe eine Muschel. Wie kommen diese Tiere in diese Höhe? Wo ist das Meer? Hat ein Bergsteiger die Muschel verloren? Antworten auf diese Fragen erhältst du, wenn du dich mit der Entstehung des Gebirges befasst.

M2 *Fossilien im Himalaya*

M4 *Am Mount Everest*

HW-110 www.heimatundwelt.de

Vor circa 120 Mio. Jahren

Nachdem der Urkontinent Pangäa zerbrochen war, driftet die Indisch-Australische Platte in Richtung Norden auf die Eurasische Platte. Dabei wird der zwischen den Platten liegende Ozean immer weiter eingeengt und mit ihm die abgelagerten Sedimente zusammengefaltet.

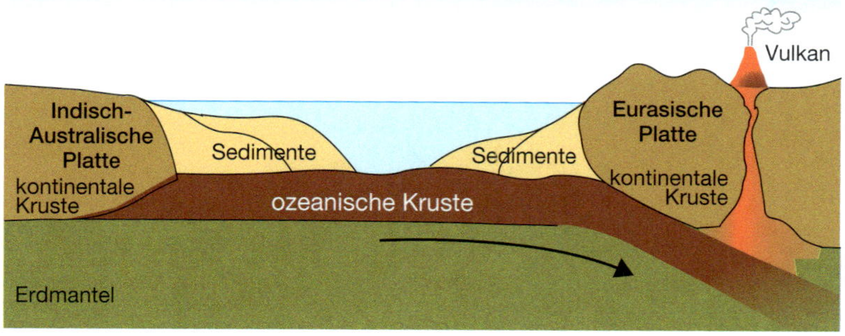

Vor circa 60 Mio. Jahren

Der Südrand der Eurasischen Platte wurden stark angehoben, im Grenzbereich gefaltet und nach oben gepresst. Das Randmeer ist nicht mehr vorhanden. Durch die Hebung gelangen Ablagerungen aus dem Meer in große Höhen. Teile der Indisch-Australischen Platte tauchen dabei ab.

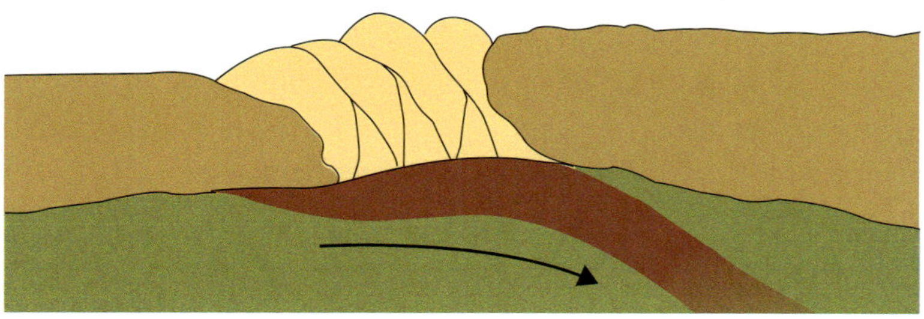

Gegenwart

Die Hebung hält auch heute noch an. Exogene Kräfte wie Wind, Wasser und Eis wirken auf das Gebirge ein und tragen es allmählich wieder ab. Dies bewirkt, dass das Höhenwachstum des Gebirges nur gering ist.

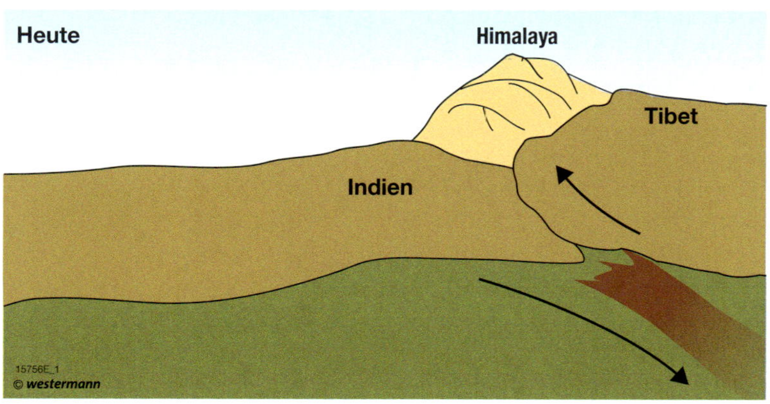

M5 *Entstehungsphasen des Himalaya*

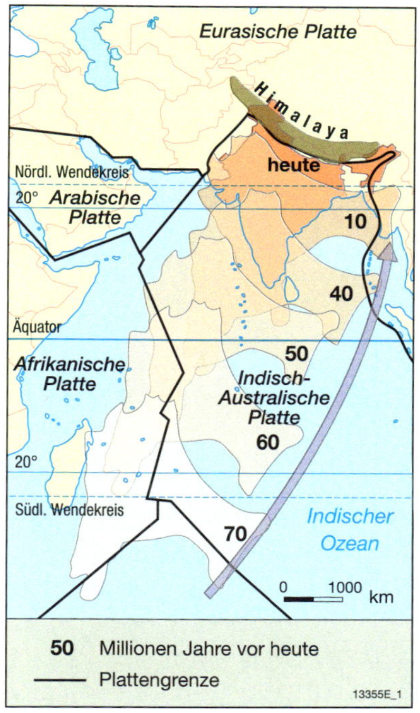

M6 *Bewegungen der Indischen und Eurasischen Platte*

Aufgaben

4 Erkläre, weshalb die Höhe des Himalaya nahezu unverändert bleibt.

5* Erläutere, wie es zu dem Muschelfund in 5000 m Höhe kommt (M2, M3).

Merke (S. 112–115)
Der Himalaya ist das höchste Gebirge der Erde. Es entstand durch die Kollision zweier Platten. Der Gebirgsbildungsprozess hält bis heute an. Durch die stetig wachsende Zahl an Bergsteigern ergeben sich ökologische Probleme.

Grundbegriff
Sherpa

Expedition im Himalaya

Jahr	Besteigungen
bis 1959	6
1960 – 1969	18
1970 – 1979	78
1980 – 1989	182
1990 – 1999	882
2000 – 2009	3410
2010 – 2012	1628

M1 *Besteigungen des Mount Everest*

M3 *Müll kann im Hochgebirge schwer entsorgt werden*

Himalaya – von Müllverschmutzung bedroht

Seit den 1920er-Jahren versuchten die Menschen, den höchsten Berg unserer Erde zu bezwingen. Am 29. Mai 1953 erreichten Edmund Hillary und Tenzing Norgay als erste Menschen den Gipfel des Mount Everest. Seitdem nimmt die Anzahl der Besteigungen von Jahr zu Jahr zu, bis heute auf insgesamt über 6000. Damit steigt aber auch die Verschmutzung dieser Region stark an. Getränkedosen, Essensreste, Hygieneartikel und vieles mehr werden einfach liegengelassen. Das Ökosystem wird zerstört, der Lebensraum für die einzigartige Pflanzen- und Tierwelt geht verloren.

Aufgaben

1 Erläutere die Folgen der touristischen Vermarktung des Himalaya (M1 – M3, M5).

2 Gestalte einen Kurzvortrag zum Himalaya (M4 – M7):
- Besteigung/Tourismus,
- Gefahren.

Gefahren im Hochgebirge

Viele Risiken erwarten die Alpinisten beim Vorhaben, den höchsten Berg zu bezwingen. Zum einen sind es die extremen Wetterverhältnisse mit Stürmen und niedrigen Temperaturen sowie die sich sehr schnell ändernden Wetterbedingungen. Zum anderen bilden ungenügende konditionelle Voraussetzungen, unerkannte Krankheiten, wie zum Beispiel Thrombose, und die veränderten Sauerstoffverhältnisse weitere Gefahren bei der Besteigung.

M4 *Bergtouren sollten nicht unterschätzt werden*

Solo-Bergsteiger und Kleingruppen müssen für Gipfeltouren im nepalesischen Himalaya in Zukunft erheblich weniger bezahlen. So beträgt die Gebühr für einen Bergsteiger aus dem Ausland, der ab sofort allein über die normale Route auf den Mount Everest steigt, umgerechnet 8080 Euro statt 18360 Euro.

Billiger aufs Dach der Welt, In: Freie Presse vom 15.02.2014

M2 *Zeitungsmeldung*

Mount Everest „all-inclusive"

Wer den Mount Everest besteigen möchte, kann sich für die komplette Organisation an spezielle Reiseagenturen wenden. Für die rund 60-tägige Expedition ab Deutschland zahlt man zwischen 23000 und 30000 Euro. In diesem Preis sind die folgenden Leistungen enthalten:

- Organisation und Koordination der gesamten Expedition
- Flüge nach Nepal, Transfer ins Basiscamp
- alle notwendigen Genehmigungen und Gebühren für die Besteigung
- Campunterkunft, Vollverpflegung, Ausrüstung (Seile, Sauerstoffflaschen)
- ein persönlicher **Sherpa** als Bergführer und Gepäckträger

M5 *„Pauschaltourismus" am höchsten Berg der Welt*

HW-110
www.heimatundwelt.de

M6 *Ab einer bestimmten Höhe sind Sauerstoffmasken unerlässlich*

Info

Höhenkrankheit

Die Höhenkrankheit beginnt in Höhen ab 2 500 m. Symptome sind Kopfschmerzen, Übelkeit, Atemnot, Erbrechen und Schwäche. Beim Auftreten dieser Symptome müssen die Bergsteiger rasch wieder absteigen, sonst kann ein möglicherweise tödlicher Hirnschlag drohen. Um der Höhenkrankheit vorzubeugen, sollte eine gewisse Zeit zur Akklimatisierung beim Aufstieg eingeplant werden.

45. – 50. Tag: Letzte Station (Lager 6) vor dem Bezwingen des Berges. Aufstieg über die Erste und Zweite Felsstufe bis zum Gipfel. Hier sind aufgrund der Witterungsbedingungen bzw. der gesundheitlichen Tagesform unter Umständen mehrere Versuche nötig.

14. – 44. Tag: Mehrmaliges Auf- und Absteigen zwischen den Lagern 3 und 6. Dies hilft bei der Höhenanpassung und erleichtert den Materialtransport zwischen den Lagern. Mehrtägige Zwischenstation in den Lagern 4 und 5.

13. Tag: Aufstieg ins Lager 3 (vorgelagertes Basislager), dem Aufenthaltsort für die nächsten Wochen.

12. Tag: Trekking zum Lager 2 (6 100 m).

9. Tag: Ankunft mit Jeeps im Basislager (5 580 m). Zwei Tage zur Akklimatisierung.

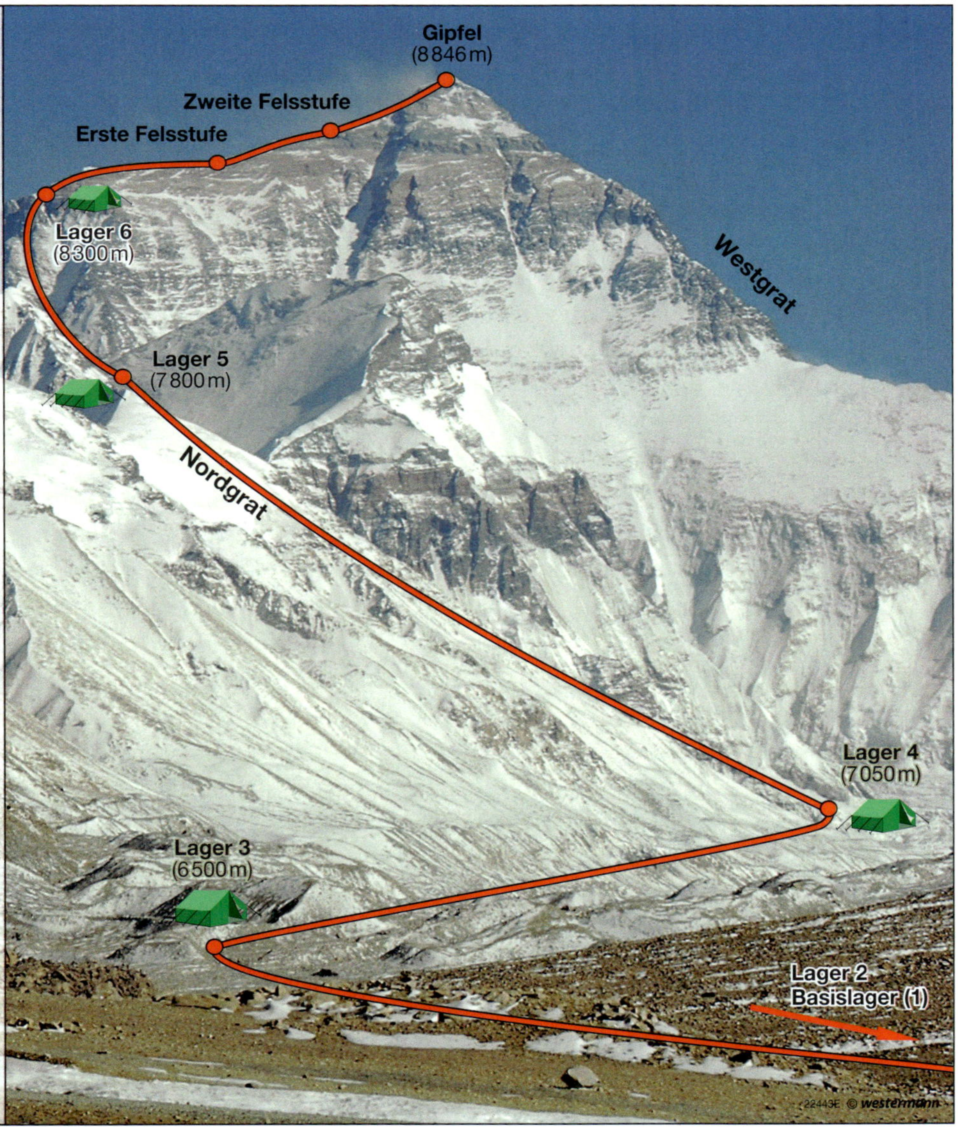

M7 *Etappen der 60-tägigen Expedition zum Mount Everest*

Agrarraum (Seite 48)
In einem Agrarraum werden Flächen überwiegend zur Landwirtschaft genutzt, für Tierhaltung, Pflanzenanbau und Erzeugung tierischer Produkte. Die meisten Beschäftigten dieses Raumes arbeiten in diesen Bereichen. Flächen sind z.B. Ackerland, Flächen für Tierhaltung oder bewirtschaftete Wälder.

Anökumene (Seite 32)
Die Anökumene ist der unbewohnte Teil der Erde. Hier setzen vor allem Kälte und Trockenheit dem Leben und Wirtschaften des Menschen Grenzen.

Bevölkerungsdiagramm (Seite 36)
Ein Bevölkerungsdiagramm ist die grafische Darstellung der Bevölkerung eines Raumes (z.B. Staat, Stadt) nach Alter und Geschlecht. Aus dem Bevölkerungsdiagramm können Rückschlüsse auf die Befriedigung der Grundbedürfnisse der Menschen und auf künftige Probleme gezogen werden.

Dammfluss (Seite 21)
Ein Dammfluss ist ein Fluss, der durch Sedimentation sein Bett über das umgebende Land erhöht hat und zwischen selbst geschaffenen Dämmen (durch stärkere Aufschüttung im Uferbereich) fließt (z. B. Huang He, Mississippi, Po).

Echo-Effekt (Seite 37)
In der Bevölkerungsentwicklung spricht man von einem Echo-Effekt, z.B. wenn sich die niedrige Geburtenrate eines Jahrgangs Jahrzehnte später auf die Bevölkerungsanzahl auswirkt. Dann fehlen die Eltern, die theoretisch Kinder bekommen könnten.

Einzugsgebiet (Seite 20)
Von einem Fluss und seinen Nebenflüssen ober- und unterirdisch entwässertes Gebiet. Das Einzugsgebiet wird durch eine Wasserscheide vom Einzugsgebiet anderer Flüsse getrennt.

Entwicklungsland (Seite 87)
Ein Entwicklungsland ist ein Land, das im Vergleich zu einem Industrieland weniger weit entwickelt ist. Zu den Merkmalen zählen: relativ starkes Bevölkerungswachstum, große Unterschiede des Lebensstandards zwischen Stadt und Land, unzureichende Nahrungsmittelversorgung, hohes Analphabetentum, niedriges Pro-Kopf-Einkommen, wenig Industrie und eine geringe Lebenserwartung.

Globalisierung (Seite 94)
Prozess, bei dem Großfirmen im Ausland neue Betriebe gründen. Dort nutzen sie Steuererleichterungen, preiswertes Gelände und billigere Arbeitskräfte, um billiger zu produzieren. Unternehmen entwickeln sich verbunden durch globale Daten- und Finanzströme zu multinationalen Konzernen.

Global Player (Seite 74)
Ein Global Player ist ein weltweit agierendes, multinationales Unternehmen, das Produktionsstandorte in der ganzen Welt hat und den Weltmarkt beliefert. Beispiele sind IBM, Shell und Daimler Chrysler.

Grüne Revolution (Seite 49)
Modernisierung der Landwirtschaft und damit Steigerung der Nahrungsmittelproduktion durch den Anbau neuer ertragreicher Getreidesorten, durch Bewässerung, Düngung und den Einsatz von Pflanzenschutzmitteln. Zudem werden die Bauern landwirtschaftlich geschult. Der Begriff wurde zunächst nur für das Programm in Indien gebraucht.

Industrieland (Seite 86)
Ein Industrieland ist ein hoch entwickelter Staat, dessen Wirtschaftsstruktur überwiegend durch die Industrie und den Dienstleistungssektor geprägt ist. Im primären Sektor (Land- und Forstwirtschaft, Fischerei, Bergbau) arbeiten weit unter zehn Prozent der Erwerbstätigen. Im Gegensatz zum Entwicklungsland sind die Grundbedürfnisse der meisten Menschen erfüllt.

Industrieraum (Seite 48)
Ein Industrieraum ist ein Gebiet mit vorwiegend industrieller Produktion. Die meisten Beschäftigten sind in Industriebetrieben tätig. Industrieräume sind oft durch eine gute Infrastruktur gekennzeichnet.

Löss (Seite 21)
Löss ist ein feiner, gelblicher Gesteinsstaub mit hohem Nährstoffgehalt. Lössböden gehören zu den fruchtbarsten Böden.

Monokultur (Seite 52)
So bezeichnet man die langjährige Nutzung einer bestimmten Fläche durch immer die gleiche Kulturpflanze.

Monsun (Seite 24)
Als Monsun werden beständig wehende, halbjährlich die Richtung wechselnde Winde in den Tropen bezeichnet.

Ökumene (Seite 32)
Als Ökumene wird der vom Menschen besiedelte Teil der Erde bezeichnet.

OPEC (Seite 109)
Organization of Petroleum Exporting Countries (Organisation erdölexportierender Länder); 1960 gegründet; Ziele: Koordinierung der Erdölpolitik ausgehend von den Hauptförderländern, Regulierung des Erdölpreises durch Quotierung der Fördermengen, gegenseitige Solidarität.

Outsourcing (Seite 81)
Outsourcing heißt, ein Unternehmen lagert Arbeiten aus, die bisher Festangestellte erledigt haben. Die Aufgaben werden an außenstehende Auftragnehmer oder Dienstleister vergeben, die die Arbeiten besser bzw. kostengünstiger verrichten können.

Permafrostboden (Seite 22)
Permafrostboden ist ein Boden, der ab einer gewissen Tiefe ganzjährig gefroren ist. Er kommt in subpolaren und polaren Gebieten sowie in Hochgebirgen vor.

Schwellenland (Seite 87)
Ein Schwellenland ist ein Entwicklungsland, das in seiner Entwicklung verhältnismäßig weit fortgeschritten ist. Merkmale sind: relativ hohes Pro-Kopf-Einkommen der Bevölkerung, beträchtlicher Anteil der verarbeitenden Industrie an der Entstehung des Bruttoinlandsproduktes, ein hoher Fertigwarenanteil am Export, ein schnelles Exportwachstum von Industriewaren. Bei vielen Schwellenländern hält aber die gesellschaftliche und soziale Entwicklung im Land mit der wirtschaftlichen nicht Schritt.

Sherpa (Seite 114)
Die Sherpa sind ein aus Tibet stammendes Volk, das im Süd- und Zentralhimalaya, in den Staaten Nepal, China und Indien beheimatet ist. Die Männer aus dem Volk der Sherpa werden häufig bei Hochgebirgstouren im Himalaya als Lastenträger und Bergführer angeheuert.

Sonderwirtschaftszone (Seite 65 und 78)
Eine Sonderwirtschaftszone ist ein geographisches Gebiet innerhalb eines Staates, in dem die Gesetzgebung in Bezug auf das Wirtschafts- und Steuerrecht von den übrigen Teilen des Staates abweicht. Das Ziel einer solchen Zone ist die Steigerung von in- und ausländischen Investitionen, z. B. durch Steuerermäßigungen. Sonderwirtschaftszonen wurden u. a. in der Volksrepublik China, in Indien und Kasachstan eingerichtet.

Syndrom (Seite 56)
In der Geographie ist ein Syndrom eine Art Krankheitsbild des Systems Erde. Es ergibt sich aus verschiedenen Krankheitsanzeichen. Das sind Störungen und Fehlentwicklungen, Bedrohungen der Umwelt und der Mensch-Umwelt-Beziehung.

Taifun (Seite 27)
Ist ein heftiger, tropischer Wirbelsturm in Südost- und Ostasien. Taifune bilden sich über den warmen Meeresgebieten der Tropen und wandern als rotierende Luftwirbel polwärts. Sie können schwere Verwüstungen anrichten.

Tropischer Wirbelsturm (Seite 27)
Ein sich kreisförmig bewegender, wandernder Luftwirbel, der in tropisch-warmen Meeresteilen entsteht. Wegen der oft orkanartigen Windgeschwindigkeiten können diese Wirbelstürme Sturmfluten erzeugen und an den Küsten verheerende Zerstörungen anrichten.

Wirtschaftsraum (Seite 48)
In einem Wirtschaftsraum befinden sich viele Betriebe und Industrien, die für den wirtschaftlichen Erfolg eines Landes bedeutend sind.

WWF (Seite 66)
Der WWF (Abkürzung für World Wide Fund for Nature) ist eine internationale Organisation, die sich für den Naturschutz einsetzt.

So gehst du beim Auswerten von Bevölkerungsdiagrammen vor

1. Ordne die entsprechende Form des Bevölkerungsdiagramms zu.

2. Interpretiere das Diagramm nach:
a) Altersaufbau (Anteil der Kinder 0 – 15 Jahre, Erwerbsfähigen 15 – 65 Jahre, Rentner über 65 Jahre)
b) Anteil der Geschlechter
c) Lebenserwartung
d) Unregelmäßigkeiten (Einschnitte oder Maxima).

3. Zeige Folgen der Altersstruktur auf (zum Beispiel Versorgung mit Nahrungsmitteln, Bedarf an Schulen, Arbeitsplätzen, Seniorenheimen).

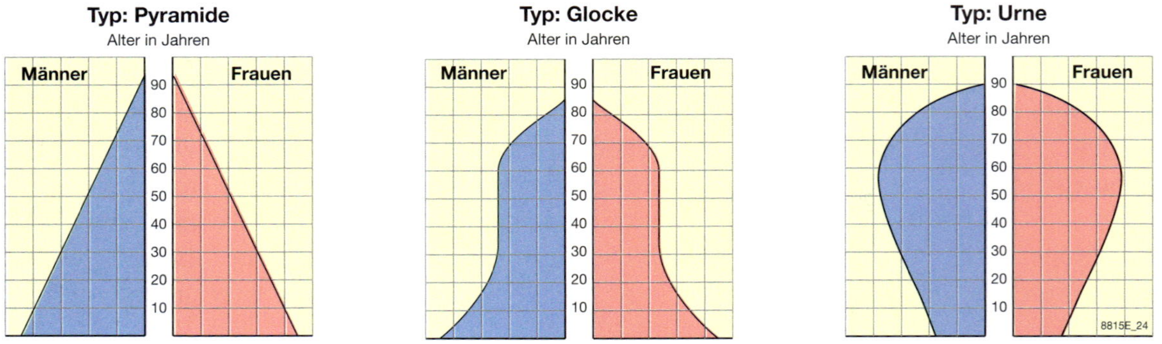

So gehst du bei der Arbeit mit einem lebendigen Diagramm vor

1. Vorbereitung
Erarbeite dir Vorkenntnisse zur Auswertung von Diagrammen.

2. Durchführung
a) Informiere dich über Ereignisse, die Einfluss auf das Leben der Menschen hatten und zugleich einen Bezug zum Thema des Diagramms haben.
b) Verorte die Ereignisse an einer Stelle des Diagramms.

3. Auswertung
a) Mache dir Notizen zu deinen Schlussfolgerungen und begründe deine Entscheidung.
b) Vergleiche dein Ergebnis innerhalb der Klasse und diskutiere eventuelle Unterschiede.

So arbeitest du mit einem Syndromschema

1. Wähle ein Syndrom aus, dass du für eine bestimmte Region untersuchen möchtest.

2. Trage die Merkmale von Klima, Wasser, Boden, Tier- und Pflanzenwelt, Bevölkerung sowie Wirtschaft/Staat dieser Region in ein Schema ein.

3. Kennzeichne Zusammenhänge durch Pfeile.

4. Beschreibe die Auswirkungen des Syndroms auf Mensch und Umwelt der untersuchten Region.

So arbeitest du mit dem Diercke WebGIS

1. Web-GIS starten
Öffnen des Web-GIS unter www.diercke.webgis-server.de.

2. Eine Karte abrufen
a) Wähle die Region bzw. den Kontinent aus, zu dem du eine Karte erstellen möchtest.
b) Wähle links unter „Kartenthemen" in der Spalte mit dem Symbol das Thema aus, das dich interessiert. Klicke alle anderen Häkchen weg.
c) Klicke nun unten auf „Karte neu zeichnen" und du erhältst die Karte mit den ausgewählten Themen.

3. Informationen aus der Karte abrufen
Du kannst zu jedem Kartenthema Informationen aus der Datenbank abrufen und diese in Tabellenform darstellen.
a) Klicke das Icon in der oberen Werkzeugleiste an. Dadurch wird das Werkzeug aktiviert.
b) Aktiviere nun bei den Kartenthemen links in der Spalte das Thema oder mehrere Kartenthemen, die dich interessieren. Setze dort ein Häkchen (z. B. bei Entwicklungsstand).
c) In der Karte befindet sich nun ein Fadenkreuz. Klicke mit diesem das Land an, zu dem du die Information wünschst (z. B. Australien), oder eine Region, indem du mit gedrückter Maustaste einen Rahmen über mehrere Länder hinweg aufziehst.
d) Klicke nun auf „Suchergebnisse". Es öffnet sich eine Tabelle, die alle Werte der Datenbank zu deinem gewählten Thema enthält.

So berechnest du Nord-Süd-Entfernungen

Du weißt bereits, dass der Abstand zwischen zwei Breitenkreisen immer 111 km beträgt. Die N-S-Entfernung von zwei Orten kann berechnet werden, wenn diese ungefähr auf der gleichen geographischen Länge liegen.

Berechnung der N-S-Entfernung zwischen zwei Orten.
Beispiel: Stockholm-Sarajevo

1. **Ermittlung der geographischen Breite beider Orte**
   Lies in der Karte die geographische Breite beider Orte ab.
   Stockholm: 59° n.B.; Sarajevo: 44° n.B.
2. **Berechnung der Differenz beider Breitenkreise**
   59 - 44 = 15
3. **Berechnung der N-S-Entfernung**
   Multipliziere das Ergebnis der Differenz mit 111 km.
   15 x 111 km = 1 665 km → Die Entfernung zwischen Stockholm und Sarajevo beträgt rund 1 700 km.

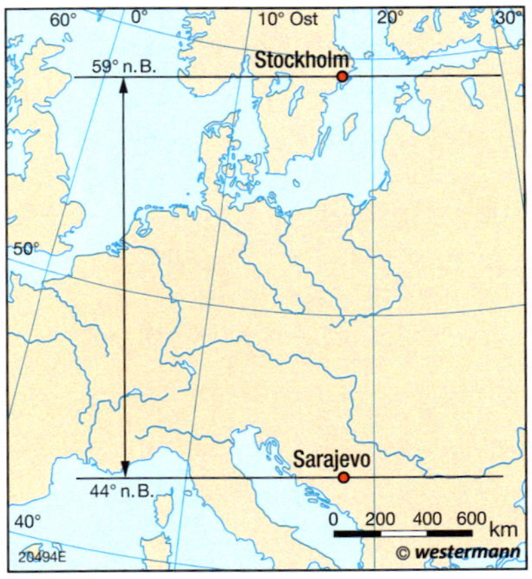

Berechnung der N-S-Ausdehnung eines Kontinents. Beispiel: Afrika

1. **Ermittlung der geographischen Breite**
   Lies in der Karte die geographische Breite des nördlichsten und südlichsten Punktes von Afrika ab.
   nördlichster Punkt: Kap Blanc: 37° n.B.
   südlichster Punkt: Kap Agulhas: 34° s.B.

2. **Berechnung der N-S-Entfernung**
   Da Afrika auf der Nord- und der Südhalbkugel liegt, müssen die Werte der geographischen Breite addiert werden. 37 + 34 = 71

   Multipliziere das Ergebnis mit 111 km. → 71 x 111 km = 7 881 km
   → Die N-S-Entfernung von Afrika beträgt rund 7 900 km.

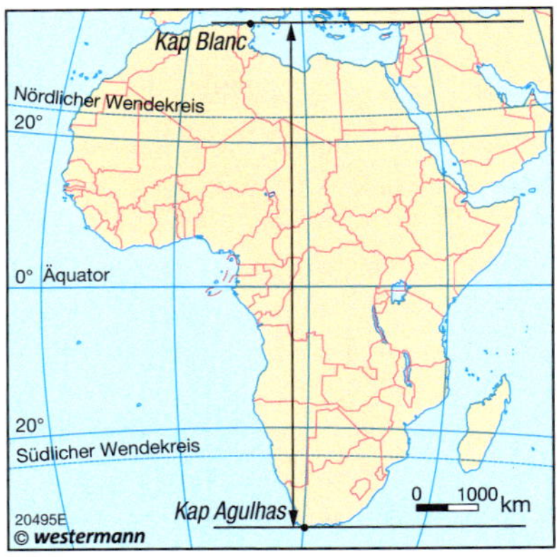

So wertest du eine Satellitenaufnahme aus

1. Vorbereitung der Auswertung
a) Einnorden des Satellitenbildes Einordnen in ein größeres Gebiet.
b) Sammeln von Informationen über das abgebildete Gebiet.

2. Auswertung
a) Erkennen von markanten Objektmerkmalen mithilfe der Bildmerkmale Form Farben, Muster, Anordnung der Bildobjekte.
b) Erläutern des Bildes mit Zusatzinformationen aus Karten, geographischer Literatur und vorhandenem geographischen Wissen.

3. Darstellung der Auswertungsergebnisse durch eine Skizze

So wertest du Karikaturen aus

1. Orientierung
a) Betrachte die Karikatur und ordne sie einem Thema zu.
b) Beschreibe die dargestellten Details und finde Zusammenhänge heraus.

2. Beschreibung
Beschreibe den dargestellten Sachverhalt.
Gehe dabei genauer auf die
a) Personen
b) Gegenstände
c) Handlungen und
d) Gestaltungsmittel (Zeichnung, Text, Bildunterschrift) ein.

3. Erklärung
Erkläre, was der dargestellte Sachverhalt symbolisiert.

4. Wertung
a) Finde heraus, ob aus der Karikatur eine bestimmte Einstellung, Meinung oder Deutung des Zeichners erkennbar ist.
b) Prüfe, ob die kritische Sicht auf das dargestellte Problem berechtigt und zeitgemäß ist.
c) Beurteile die Aussage der Karikatur. Welche Fragen ergeben sich für dich daraus?

So gehst du beim Zeichnen eines Profils vor

1. Festlegen der Profilstrecke
Ermittle in der physischen Karte die Endpunkte des Profils A und B. Verbinde sie durch eine Linie, die Profilstrecke.

2. Übertragen der Profilstrecke
Falte ein kariertes DIN-A4-Blatt oder Millimeterpapier quer. Lege die Faltkante auf die Profilstrecke deiner Karte. Markiere beide Endpunkte A und B und verbinde sie. Du erhältst die Profilgrundlinie.
Gib den Längenmaßstab des Profils an. Orientiere dich dazu an der Maßstabsleiste in der Karte.

3. Höhenschnittpunkte übertragen
Markiere die Schnittpunkte der einzelnen Höhenlinien auf der Faltkante deines Blattes.

4. Höhenmaßstab übertragen
Falte das Blatt auf. Zeichne über den Endpunkten jeweils eine Senkrechte ein. Trage auf ihnen den Höhenmaßstab ab. Wähle dazu eine geeignete Überhöhung.

5. Profillinie zeichnen
Markiere für jeden Schnittpunkt die genaue Höhenlage auf deinem Blatt. Verbinde die Höhenpunkte miteinander. So erhältst du die Profillinie.

6. Profil beschriften
Beschrifte das Profil mithilfe der Karte. Benenne auffällige topographische Objekte wie Gebirge, Berge, Tiefländer, Städte, Gewässer. Gib deiner Profilzeichnung eine geeignete Überschrift. Trage die Himmelsrichtungen deines Profils ein.

So präsentierst du Arbeitsergebnisse

Wenn du Arbeitsergebnisse präsentierst, dann stellst du sie anderen vor. Dies solltest du sehr anschaulich gestalten, denn viele Menschen prägen sich Sachverhalte besser ein, wenn sie sie nicht nur hören, sondern auch sehen.

Beachte dabei:

1. Formuliere kurze, verständliche Kernaussagen
a) Sammle Informationen, Karten, Fotos zum Thema.
b) Formuliere wenige Kernaussagen, auf die du dich während der Präsentation immer wieder beziehst.

2. Veranschauliche die Informationen
a) Poster, Wandzeitung, Schautafel, PPP (PowerPoint-Präsentation)
b) Kombination von Text und Bild

3. Präsentiere
a) Halte den Vortrag mit Stichwortzettel.
b) Sprich frei.
c) Schau die Zuhörer an.

Tabelle lesen

1. Wie lautet das Thema der Tabelle (Tabellenüberschrift, Tabellenkopf)?
2. Auf welchen Zeitraum beziehen sich die Aussagen (zum Beispiel ein Jahr oder mehrere Jahre)? Lassen sich Entwicklungen ablesen?
3. Welches sind die Extremwerte (höchste und niedrigste Werte)? Wie ist die Verteilung der anderen Zahlen zwischen den Extremwerten?
4. Kann man die einzelnen Zahlen vergleichen? In welchem Verhältnis stehen die Werte zueinander?
5. Gibt es Zusammenhänge zwischen den Zahlen der einzelnen Spalten?
6. Beschreibe die Gesamtaussage der Tabelle.

Diagramme lesen

Wir unterscheiden Säulendiagramme, Balkendiagramme und Liniendiagramme.

1. Zu welchem Thema werden Aussagen gemacht?
2. Wie sind die einzelnen Werte verteilt (Extremwerte, Verteilung der anderen Werte)?
3. Beschreibe die Gesamtaussage des Diagramms.

So wertest du ein Klimadiagramm aus

1. Beschreibe die Lage der Station.

2. Nenne die Höhe über dem Meeresspiegel.

3. Nenne die Jahresdurchschnittstemperatur.

4. Nenne den wärmsten Monat und das Temperaturmaximum.

5. Nenne den kältesten Monat und das Temperaturminimum.

6. Berechne die Jahresschwankung der Temperatur und beschreibe den Jahresgang der Temperatur.

7. Nenne die mittlere Jahresniederschlagssumme.

8. Nenne den niederschlagreichsten Monat und das Maximum.

9. Nenne den niederschlagärmsten Monat und das Minimum.

10. Beschreibe die Verteilung der Niederschläge im Jahr.

11. Ordne das Klimadiagramm einer Klimazone und einer Vegetationszone zu (Atlas).

Strukturdaten ausgewählter Staaten

Land	Fläche (in km²)	Einwohner (in Mio.) 2012	Geburtenrate (in ‰) 2011	Sterberate (in ‰) 2011	Bevölkerung (in %) 2012	
					unter 15 Jahren	über 65 Jahren
Europa (EU-Staaten)						
Belgien	32 545	11,1	12	10	17	18
Bulgarien	110 994	7,3	10	15	14	19
Dänemark	43 098	5,6	11	9	18	18
Deutschland	357 093	81,9	8	10	13	21
Estland	45 227	1,3	11	11	16	18
Finnland	338 144	5,4	11	9	16	18
Frankreich	543 965	65,7	13	9	18	18
Griechenland	131 957	11,3	9	10	15	19
Großbritannien	242 910	63,2	13	9	18	17
Irland	70 273	4,5	16	6	22	12
Italien	301 336	60,9	9	10	14	21
Kroatien	56 542	4,4	10	12	15	17
Lettland	64 589	2,0	9	14	15	19
Niederlande	41 526	16,7	11	8	18	16
Österreich	83 871	8,4	9	9	15	18
Polen	312 685	38,5	10	10	15	14
Portugal	92 345	10,5	9	10	15	19
Rumänien	238 391	21,3	9	12	15	15
Schweden	449 964	9,5	12	10	17	19
Spanien	504 645	46,2	10	8	15	18
Tschechien	78 866	10,5	10	10	15	16
Vatikanstadt	0,44	0,0008	–	–	–	–
Afrika						
Ägypten	1 002 000	80,7	23	5	31	6
Äthiopien	1 133 380	91,7	31	9	43	3
Kenia	582 646	43,2	37	10	43	3
Libyen	1 775 500	6,2	23	4	30	5
Nigeria	923 768	168,9	40	14	44	3
Tschad	1 284 000	12,4	44	16	49	2
Südafrika	1 219 090	51,2	21	15	30	5
Nord- und Mittelamerika						
Kanada	9 984 670	34,8	11	7	16	15
Mexiko	1 953 162	120,1	19	5	29	6
USA	9 809 155	313,9	13	8	20	14
Südamerika						
Argentinien	2 780 403	41,1	17	8	25	11
Bolivien	1 098 581	10,5	26	7	35	5
Brasilien	8 547 404	198,6	15	6	25	7
Peru	1 285 216	30,0	20	5	30	6
Asien						
China, Volksrepublik	9 572 419	1350,7	12	7	18	9
Indien	3 287 263	1236,7	22	8	29	5
Israel	20 991	7,9	21	5	28	11
Japan	377 837	127,6	8	10	13	24
Malediven	298	0,3	17	4	29	5
Mongolei	1 564 100	2,8	23	6	27	4
Pakistan	796 095	179,1	27	7	34	4
Russland	17 075 400	143,5	13	14	15	13
Saudi-Arabien	2 240 000	28,3	22	4	30	3
Singapur	683	5,3	10	5	17	10
Südkorea (Republik Korea)	99 313	50,0	10	5	15	12
Thailand	513 115	66,8	12	7	18	9
Türkei	779 452	74,0	18	6	26	7
Vietnam	331 114	88,8	16	5	23	7
Ozeanien						
Australien	7 692 030	22,7	13	7	19	14
Nauru	21	0,01	–	–	–	–
Neuseeland	270 534	4,4	14	7	20	14

(Quelle: Fischer Weltalmanach 2013)

Lebens-erwartung (in Jahren) 2011	Städtische Bevölkerung (in %) 2012	Zugang zu Trinkwasser (in %) 2010	Bevölkerung unter der Armutsgrenze (in ‰) 2011	BNE pro Kopf (in US-$) 2012
80	98	100	–	39260
74	74	100	10,6	15390
80	87	100	–	42620
81	74	100	–	41370
76	70	98	–	21990
80	84	100	–	38210
82	86	100	–	36460
81	62	100	–	24790
81	80	100	–	35800
80	63	100	–	35110
82	69	100	–	32280
77	58	99	11,1	19760
74	68	99	5,9	32280
81	84	100	–	43360
81	68	100	–	43220
77	61	–	10,6	20920
81	62	99	–	24670
75	53	89	13,8	16310
82	85	100	–	43160
82	78	100	–	31780
78	73	100	–	24550
–	–	–	–	–
73	44	99	25,2	6640
59	17	44	29,6	1140
57	24	59	45,9	1760
75	78	–	–	17560
52	50	58	62,6	2420
50	22	51	–	1320
53	62	91	23,0	11190
81	81	100	–	42690
77	78	96	51,3	16630
79	83	99	–	50610
76	92	–	–	17250
67	67	88	50,6	4960
73	85	98	21,4	11720
74	78	85	27,8	10240
73	52	91	2,8	9210
65	32	92	29,8	3840
82	92	100	–	28070
83	92	100	–	36320
77	42	98	–	7690
68	69	82	39,2	5100
65	37	92	22,3	3030
69	74	97	11,1	22760
74	83	–	–	25010
82	100	100	–	61100
81	84	98	–	30890
74	34	96	13,2	9430
74	72	100	18,1	17500
75	32	95	20,7	3440
82	89	100	–	43170
–	–	–	–	–
81	86	100	–	29960

HDI weltweit

Land	HDI-Rang	Land	HDI-Rang	Land	HDI-Rang	Land	HDI-Rang
Sehr hoher HDI							
Norwegen	0,955	Panama	0,780	Botsuana	0,634	Burundi	0,355
Australien	0,938	Mexiko	0,775	Honduras	0,632	Guinea	0,355
Vereinigte Staaten	0,937	Costa Rica	0,773	Indonesien	0,629	Zentralafr. Rep.	0,352
Niederlande	0,921	Grenada	0,770	Kiribati	0,629	Eritrea	0,351
Deutschland	0,920	Libyen	0,769	Südafrika	0,629	Mali	0,344
Neuseeland	0,919	Malaysia	0,769	Vanuatu	0,626	Burkina Faso	0,343
Irland	0,916	Serbien	0,769	Kirgisistan	0,622	Tschad	0,340
Schweden	0,916	Antigua u. Barbuda	0,760	Tadschikistan	0,622	Mosambik	0,327
Schweiz	0,913	Trinidad u. Tobago	0,760	Vietnam	0,617	D.R. Kongo	0,304
Japan	0,912	Kasachstan	0,754	Namibia	0,608	Niger	0,304
Kanada	0,911	Albanien	0,749	Nicaragua	0,599	**keine Angaben**	
Korea, Republik	0,909	Venezuela	0,748	Marokko	0,591	Volksrep. Korea	
Hongkong	0,906	Dominica	0,745	Irak	0,590	Marshall-Inseln	
Island	0,906	Georgien	0,745	Kap Verde	0,586	Monaco	
Dänemark	0,901	Libanon	0,745	Guatemala	0,581	Nauru	
Israel	0,900	Saint Kitts u. Nevis	0,745	Osttimor	0,576	San Marino	
Belgien	0,897	Iran	0,742	Ghana	0,558	Somalia	
Österreich	0,895	Peru	0,741	Äquat. Guinea	0,554	Südsudan	
Singapur	0,895	Mazedonien	0,740	Indien	0,554	Tuvalu	
Frankreich	0,893	Ukraine	0,740	Kambodscha	0,543		
Finnland	0,892	Mauritius	0,737	Laos	0,543		
Slowenien	0,892	Bosnien und Herzegowina	0,735	Bhutan	0,538		
Spanien	0,885	Aserbaidschan	0,734	Swasiland	0,536		
Liechtenstein	0,883	St. Vincent u. Grenadinen	0,733	**Niedriger HDI**			
Italien	0,881	Oman	0,731	Kongo	0,534		
Luxemburg	0,875	Brasilien	0,730	Salomonen	0,530		
Ver. Königreich	0,875	Jamaika	0,730	São Tomé	0,525		
Tschechien	0,873	Armenien	0,729	Kenia	0,519		
Griechenland	0,860	Saint Lucia	0,725	Bangladesch	0,515		
Brunei Darussalam	0,855	Ecuador	0,724	Pakistan	0,515		
Zypern	0,848	Türkei	0,722	Angola	0,508		
Malta	0,847	Kolumbien	0,719	Myanmar	0,498		
Andorra	0,846	Sri Lanka	0,715	Kamerun	0,495		
Estland	0,846	Algerien	0,713	Madagaskar	0,483		
Slowakei	0,840	Tunesien	0,712	Tansania	0,476		
Katar	0,834	**Mittlerer HDI**		Nigeria	0,471		
Ungarn	0,831	Tonga	0,710	Senegal	0,470		
Barbados	0,825	Belize	0,702	Mauretanien	0,467		
Polen	0,821	Dom. Republik	0,702	Papua-Neuguinea	0,466		
Chile	0,819	Fidschi	0,702	Nepal	0,463		
Litauen	0,818	Samoa	0,702	Lesotho	0,461		
VAE	0,818	Jordanien	0,700	Togo	0,459		
Portugal	0,816	China	0,699	Jemen	0,458		
Lettland	0,814	Turkmenistan	0,698	Haiti	0,456		
Argentinien	0,811	Thailand	0,690	Uganda	0,456		
Seychellen	0,806	Malediven	0,688	Sambia	0,448		
Kroatien	0,805	Suriname	0,684	Dschibuti	0,445		
Hoher HDI		Gabun	0,683	Gambia	0,439		
Bahrain	0,796	El Salvador	0,680	Benin	0,436		
Bahamas	0,794	Bolivien	0,675	Ruanda	0,434		
Weißrussland	0,793	Mongolei	0,675	Côte d'Ivoire	0,432		
Uruguay	0,792	Palästin. Autonomiegebiet	0,670	Komoren	0,429		
Montenegro	0,791	Paraguay	0,669	Malawi	0,418		
Palau	0,791	Ägypten	0,662	Sudan	0,414		
Kuwait	0,790	Moldau	0,660	Simbabwe	0,397		
Russische Föder.	0,788	Philippinen	0,654	Äthiopien	0,396		
Rumänien	0,786	Usbekistan	0,654	Liberia	0,388		
Bulgarien	0,782	Syrien	0,648	Afghanistan	0,374		
Saudi-Arabien	0,782	Mikronesien	0,645	Guinea-Bissau	0,364		
Kuba	0,780	Guyana	0,636	Sierra Leone	0,359		

(Quelle: Fischer Weltalmanach 2013)

Merkstoff / Wirtschaftsdaten

Topografischer Merkstoff

Länder	Hauptstadt	Landschaften	Andere Objekte
Japan	Tokio	Kaukasus	Mt. Everest (8846 m)
China	Peking (Beijing)	Hochland von Dekkan	Witjas-Tief
Indien	Neu-Delhi	Himalaya	Sibirien
Indonesien	Jakarta	Tian Shan	Gobi
Saudi-Arabien	Riad	Kunlun Shan	Shanghai
Türkei	Ankara	Hochland von Tibet	Bengaluru (Bangalore)
Israel	Jerusalem	Tarimbecken	
Russland	Moskau	Westsibirische Ebene	
		Große Ebene	
		Tiefland von Turan	
Meere / Seen	**Flüsse / Kanäle**	**Halbinseln**	**Inseln**
Beringmeer	Ob/Irtysch	Kamtschatka	Japanische Inseln (Honshu)
Ochotskisches Meer	Jenisej	Korea	Ceylon
Japanisches Meer	Lena	Anatolien	Philippinen
Gelbes Meer	Huang He	Arabien	Große Sundainseln (Borneo, Sumatra, Java)
Ostchinesisches Meer	Jangtsekiang	indischer Subkontinent	
Südchinesisches Meer	Euphrat	festländisches Südostasien	
Persischer Golf	Tigris	Malakka	
Arabisches Meer	Indus		
Golf von Bengalen	Mekong		
Baikalsee	Ganges		
Aralsee			

Wirtschaftsdaten Deutschland, China, Japan und Indien

Strukturdaten	Deutschland	China	Japan	Indien
Bruttoinlandsprodukt (BIP) 2013 (Mrd. US-Dollar)	3636	9181	4901	1870
BIP je Einwohner 2013 (US-Dollar)	41520	6747	38491	1504
		Wirtschaftswachstum (%)		
2011	+3,3	+9,3	-0,5	+6,6
2012	+0,7	+7,7	+1,4	+4,7
2013	+0,4	+7,7	+1,5	+4,4
2014	+1,7	+7,6	+1,4	+5,4

(Quelle: www.statista.com 2014)

Operatoren

Schwierigkeitsgrade

■ = einfache Aufgabe, ■ ■ = schwierige Aufgabe, ■ ■ ■ = sehr schwierige Aufgabe

analysieren ■■	Schwierige Sachverhalte in Teilthemen untergliedern und Zusammenhänge herausarbeiten und aufzeigen.
auflisten ■	Eine Liste von Sachverhalten oder Gegenständen ohne Erklärung anlegen.
auswerten ■■	Die Aussagen von Materialien (Texten, Karten, Bildern) herausfinden und zusammenstellen.
begründen ■■■	Für einen bestimmten Sachverhalt Argumente finden und aufschreiben.
beschreiben ■	Die Aussagen von Materialien (Texten, Karten, Bildern) mit eigenen Worten wiedergeben.
bestimmen, ermitteln ■	Einen Sachverhalt oder einzelne Begriffe in Texten und Materialien herausfinden.
beurteilen ■■■	Auf der Grundlage von Fachkenntnissen und der Analyse von Materialien einen Sachverhalt ohne persönliche Bewertung einschätzen.
bewerten ■■■	Auf der Grundlage von Fachkenntnissen und der Analyse von Materialien einen Sachverhalt einschätzen und eine sachlich begründete eigene Meinung darlegen.
charakterisieren ■■	Einen Raum oder einen Sachverhalt auf der Grundlage bestimmter Gesichtspunkte begründet vorstellen.
darstellen ■	Die Aussagen von Materialien (Texten, Karten, Bildern) geordnet als Text oder Schemazeichnung verdeutlichen.
diskutieren ■■■	Zu einem Sachverhalt Argumente zusammenstellen und daraus eine begründete Bewertung entwickeln.
einordnen ■■	Einen Sachverhalt auf der Grundlage einzelner Gesichtspunkte in einen Zusammenhang stellen.

entwickeln ■■■	Vorschläge und Maßnahmen vorstellen, die zu einer weiterführenden Betrachtung eines Sachverhalts beitragen.
erarbeiten ■■	Aus Texten und Bildern Sachverhalte herausfinden, die nicht klar benannt sind, und Zusammenhänge zwischen ihnen herstellen.
erklären ■■	Ursachen und Folgen bestimmter Sachverhalte in einen Zusammenhang bringen und deuten.
erläutern ■■	Sachverhalte auf der Grundlage verschiedener Informationen verdeutlichen.
erörtern ■■■	Einen Sachverhalt unter Abwägen von Pro- und Kontra-Argumenten klären und abschließend eine eigene begründete Meinung entwickeln.
interpretieren ■■■	Materialien (Texte, Karten, Bilder) auswerten, Zusammenhänge verdeutlichen, den Sinn erfassen und Schlussfolgerungen ziehen.
lokalisieren ■	Ein Raumbeispiel (Stadt, Staat) auf einer Karte finden und dessen Lage (z. B. Himmelsrichtung auf einem Kontinent, in der Nähe großer Flüsse oder Gebirge) beschreiben.
nennen, benennen ■	Sachverhalte oder Informationen ohne Erklärung wiedergeben.
prüfen, überprüfen ■■■	Aussagen auf der Grundlage eigener Kenntnisse oder mithilfe zusätzlicher Materialien auf ihre Angemessenheit und Richtigkeit hin untersuchen.
Stellung nehmen ■■■	Auf der Grundlage von Fachkenntnissen und der Analyse von Materialien einen Sachverhalt einschätzen und eine sachlich begründete eigene Meinung darlegen.
vergleichen ■■	Gemeinsamkeiten und Unterschiede zwischen zwei oder mehreren Sachverhalten oder Räumen erfassen und verdeutlichen.

Bildnachweis

Baaske Cartoons, Müllheim: 87 M5 (K.Gg. Striepecke); Bayram Gasimkhanli Alibeshir, Balakhani/ Aserbaidschan: 96 o.re. (Veröffentlichung im Rahmen des Karikaturenwettbewerb des Dritte Welt Journalisten Netz 2007); Corbis, Berlin: Titel Stadt (Walter Bibikow/JAI), Titel Jugendliche (Image Source-RF), 84 M1 (Viviane Moos); Dägling, Andreas, Wardenburg: 96 m.re.; Demmrich, André, Berlin: 12 M1 Foto; Deutsche Stiftung Weltbevölkerung, Hannover: 34 M1, 96 m.li.; Diercke WebGIS: 88 M1; dreamstime.com, Brentwood 3 (Prashant Vaidya), 6 M1 (shirophoto), 8 M2 c (Industryandtravel), 9 M3 (Chatchai Somwat), 9 M4 (arturbo), 12 M3 (Maksim Shmeljov), 21 (Xidong Luo), 27 A (Sandybronima), 42 M1 (Jeremyrichards), 58 M2 (Wangkun Jia), 79 M4 (Jaume Juncadelia), 80 M1 (JoeRavi), 82 ff. Ampel (Fotovika); Eck, Thomas, Berlin: 8 M2 e; eoVision, Salzburg: 60 M1; Focus Photo- u. Presseagentur, Hamburg: 23 M5 (Nicholl/Katz Pictures); fotolia.com, New York: 8 M2 a (The Photos), 12 M1 Zeichen (Dark Vectorangel), 14 M1 u. (hecke71), 15 M2 (dred2010), 17 M4 (cannII), 29 B (paul prescott), 45 u. (imtmphoto), 48 M2 (Carda:), 49 M5 Hüte (bluemap), 49 M5 Lampe (808isgreat), 49 M5 Sushi (Lucky Dragon), 52 M2 (© Zorro12), 56 M1 u.li. (Urbanhearts), 65 M5 (SeanPavonePhoto), 68 M1 (eyetronic), 68 M2 (claudiozacc), 71 M5 (eyetronic), 87 M4 li. (Living Legend), 108 M3 (Visionär); Getty Images, München: 46 M1 (China Photos); Graner, Tilmann, Sondershausen: 23 M4; Griese, Dietmar , Laatzen: 38 M1; Image & Design - Agentur für Kommunikation, Braunschweig: 89 M4; Imaginechina, China-Shanghai: 58 M1 (Wu Jianguo); International Rice Research Institute / wikimedia.org - Creative Commons Lizenz 2.0: 49 M4; iStockphoto.com, Calgary: 13 M3 o.li. (LindaYolanda), 13 M3 o.re. (iPandastudio), 13 M3 u.re. (hadynyah), 14 M1 m. (syolacan), 14 M1 o. (Chris Prichard), 16 M2 (Vladimir Melnikov), 16 M3 (deduhin), 17 M5 (Johan Sjolander), 17 M6 (victor zastol'skiy), 21 M6 (wrangel), 22 M2 (Kruglov), 25 M3 (Danielrao), 29 A (isoft), 49 M5 Milch (diane555), 49 M5 Pudding (Maceofoto), 49 M5 Wein (Anyka), 51 M4 m. (javarman3), 51 M4 o. (georgeclerk), 51 M4 u. (TommyIX), 56 M1 o.li. (brittak), 56 M1 u.re. (milanklusacek), 61 M2 li. (Wong Chee Yen), 61 M2 re. (mamahoohooba), 62 M2 (06photo), 63 M5 (gutang), 64 M4 (prill), 65 Info (Cobalt88), 75 M6 (Sjo), 75 M7 (EdStock), 77 M5 (Freder), 96 u. (Yuri), 102 M1 (SeppFriedhuber), 103 M3 (holgs), 107 M5 (maryTR), 109 M4 (HeiFi), 110 M1 (Mtain), 112 M3 (titlezpix), 112 M4 (sihasakprachum); Jüngst, Reiner, Wolfenbüttel: 29 C; Junker, Stefan, Preetz: 87 M4 re.; NASA, Houston/Texas: 54 M1 Hintergrund; NASA - Earth Observatory: 104 M1; NASA Headquarters, Washington, DC: 18 M3; Nord Stream AG, CH-Zug: 101 M5; OKAPIA-Bildarchiv, Frankfurt/M.: 43 M3; Ortscheit, Saarbrücken: 49 M5 Kosmetik; Panther Media GmbH (panthermedia.net), München: 8 M2 d; Peterhoff, Frank, Lenggries: 112 M2; Pflügner, Matthias, Berlin: 81 M3; Picture-Alliance, Frankfurt/M.: 30 M1 (Imaginechina/Jia Bailie), 43 M5 (dpa/Koch), 55 M3 (AP/Sergey Ponomarev), 59 M3 (Photoshot), 115 M6 (dpa/epa Hiro Kuraoka); Reutemann, Simone, Leipzig: 40 M1; Reuters, Berlin: 67 M4 (Joe Tan), 75 M5 (Toru Hanai); Schönauer-Kornek, Sabine, Wolfenbüttel: 106 o.re.; Schönherr, Bärbel, Chemnitz: 70 M2; Seeber, Christian, Berlin: 19 M6; Shutterstock.com, New York: 13 M3 u.li. (Zurijeta), 18 M4 (Thongseedary), 19 M5 (Philip Yuan), 52 M3 (Alaetin Yildirim), 53 M4 (v.apl), 72 M4 (SeanPavonePhoto), 89 M2 (Tyler Olson), 94 M2 (MJTH), 95 M4 li. (Jaromir Chalabala), 95 M4 re. (Shyamalamuralinath), 109 M5 (Sophie James), 114 M3 (paul prescott); Trebels, Rüdiger, Düsseldorf: 73 M6; Visum Foto GmbH, Hamburg: 98 M1 (Ludwig); wikipedia.org: 76 M2; www.gensler.com: 8 M2 b; www.worldmapper.org © SASI Group (University of Sheffield) and Mark Newman (University of Michigan), Sheffield: 32 M1.

Dieses Buch entstand unter der Mitwirkung folgender Autorinnen und Autoren:
Uwe Hofemeister, Katrin Kortschakowski, Wolfgang Latz, Notburga Protze und Burkhard Schönborn.

Erde – physisch

0 50 100 150 200 250 km